進化する土木技術
ロボットで変わる建設現場

Evolving Civil Engineering Technology
— Changing Construction Sites with Robots —

はじめに

　2007年頃をピークにそれまで増加し続けてきた日本の人口が減少に転じた．以降，生産年齢人口は急激に減少し，多くの分野で人手の確保に苦慮する事態になっている．とりわけ建設業は深刻な状況に陥りつつある．有効求人倍率が全産業では1倍〜1.5倍程度で推移している中，建設業では5倍〜6倍，工種によっては10倍を超えるものもある．この状況は，今後，改善の見通しはなく，逆にますます厳しい状況になっていくと予想され，そうなると社会活動や人々の生活を支えるインフラを安定的に提供することが非常に困難な状況に陥っていくことになる．

　この状況を改善すべく，建設業では，少ない人手でも今まで以上の質と量の仕事をこなすことができる体制を作るべく，ICTやデジタル技術をはじめとする先端技術を導入して，効率化・省人化をはかる挑戦を始めている．それらの取り組みの中でも自動化技術，いわゆる建設ロボットは，AIなどの関連技術の急速な進歩を取り入れ，近年，実用的なシステムが現場で使われるようになってきている．本書では，インフラ整備を担う土木用建設ロボットについて，開発・導入の経緯，国の政策，技術開発のための研究，最先端の自律型建設ロボットの到達点を紹介する．また，災害対応，維持管理工事，水域での工事で用いられる建設ロボット技術を解説するとともに，将来の建設ロボットの開発に向けた課題と展望を紹介する．

　本書は，各章毎の執筆責任者を中心にそれぞれの内容に精通した技術者，研究者に執筆を依頼した．執筆に際しては，執筆責任者による会議を通じて各章の内容を共有し，可能な限り統一した内容になるように打ち合わせを行った上で執筆を行ったが，その後は，各章で個別に執筆を行ったため，表記，内容，技術レベル，技術の詳細度等に関し，完全にトーンを揃えるまでには至らなかった．この点は，編集責任者として記してお詫びする．ただし，各章毎にそれぞれのテーマで概ね完結した内容になっているので，第1章から順番に読む必要はなく，読者の興味にあわせて章単位で読んでいただいてもそれぞれの内容を十分に理解していただくことができると考えている．

　最後になったが，本書の執筆にあたり，多忙な中，原稿の作成にご協力をいただいた執筆者の皆様，資料や情報の提供にご協力をいただいた関係各位，ならびに本書の発行にご尽力をいただいた土木学会に記して謝意を表する．

立命館大学 総合科学技術研究機構
建山 和由

各章担当者・執筆者一覧

[第1章]
　　建山 和由　（立命館大学・総合科学技術研究機構）
[第2章]
　　新田 恭士　（長野県・建設部，国土交通省）
[第3章]
　　橋本 毅　（土木研究所・技術推進本部）
[第4章]
　　三浦 悟　（鹿島建設株式会社・技術研究所）
[第5章]
　　北原 成郎　（株式会社熊谷組・土木事業本部）
[第6章]
　　池田 隆成　（東日本高速道路株式会社）
　　永谷 圭司　（筑波大学・システム情報系）
　　6.1　池田 隆成　（東日本高速道路株式会社）
　　6.2　永谷 圭司　（筑波大学・システム情報系）
　　6.3　上村 暢一　（東急建設株式会社）
　　6.4　松本 清志　（株式会社奥村組）
　　6.5　田渕 宗一郎　（東京都下水道局）
　　6.6　佐藤 公紀　（首都高速道路株式会社）
[第7章]
　　吉江 宗生　（港湾空港技術研究所）
　　7.1　吉江 宗生　（港湾空港技術研究所）
　　7.2.1　平林 丈嗣　（港湾空港技術研究所・インフラDX研究領域）
　　　　　上山 淳　（極東建設株式会社・マリン開発部）
　　7.2.2　米光 柾貴　（東亜建設工業株式会社・土木本部 機電部 機械グループ）
　　7.2.3　飯塚 尚史　（青木あすなろ建設株式会社・土木事業本部 環境リニューアル事業部）
　　7.2.4　森 雅宏　（五洋建設株式会社・土木部門 土木M&E本部 船舶O&M部 船舶運航グループ）
　　7.3　田中 敏成　（港湾空港技術研究所・インフラDX研究領域）
　　7.4　喜夛 司　（港湾空港技術研究所・インフラDX研究領域）
　　7.5　吉江 宗生　（港湾空港技術研究所）
[第8章]
　　建山 和由　（立命館大学 総合科学技術研究機構）
　　8.1　建山 和由　（立命館大学 総合科学技術研究機構）
　　8.2　永谷 圭司　（筑波大学・システム情報系）

目次

第1章 土木分野で用いられる日本の建設ロボット ... 1
1.1 開発の歴史と社会背景 ... 2
1.2 建設ロボットの定義と機能 ... 6
1.3 関連技術を取り入れながら進化する建設ロボット ... 7
1.4 建設ロボット導入の必要性 ... 10
1.5 建設ロボット開発の特徴 ... 13
1.6 本書の内容 ... 14

第2章 建設現場へのロボット導入に関わる政府の取り組み ... 17
2.1 ロボット新戦略 ... 18
2.1.1 社会インフラにおけるロボット重点領域 ... 20
2.1.2 ロボット推進3分野の背景および目標設定 ... 20
2.2 次世代社会インフラ用ロボットの開発導入推進プロジェクト ... 23
2.2.1 現場検証・評価の結果 ... 23
2.2.2 試行的導入を通じたロボットの社会実装方法の提案 ... 31
2.2.3 SIP（戦略的イノベーション創造プログラム）との連携 ... 31
2.3 公共土木工事での先駆的導入 ... 32
2.3.1 建設業の労働生産性 ... 32
2.3.2 ICT施工の黎明期 ... 33
2.3.3 i-Constructionの始動 ... 34
2.4 おわりに ... 37

第3章 土木施工用建設ロボットにおける研究開発の現状と課題 ... 39
3.1 土木施工における建設ロボットの研究開発状況 ... 40
3.2 各レベルにおける技術的要求 ... 42
3.3 各レベルの研究開発を促進するための課題と解決策案 ... 45

第4章 自律型建設ロボットの実装と宇宙開発での利用 ... 51
4.1 A^{4}CSELの開発コンセプト ... 52
4.2 A^{4}CSELの技術概要 ... 53
4.2.1 自動振動ローラによる転圧作業 ... 53

4.2.2　自動ブルドーザによるまき出し作業 ………………………… 59
　　4.2.3　自動ダンプトラックによる運搬・荷下し作業 ………………… 66
　　4.2.4　自動化施工マネジメントシステム ……………………………… 68
　4.3　現場適用状況 …………………………………………………………… 70
　　4.3.1　ロックフィルダムのコア部盛り立てへの適用 …………………… 70
　　4.3.2　CSGダム本体工事への適用 ……………………………………… 70
　　4.3.3　災害復旧工事での適用 ……………………………………………… 71
　4.4　「現場の工場化」に向けて …………………………………………… 72
　4.5　A^{4}CSELの月面有人探査拠点建設への応用検討 ………………… 73
　　4.5.1　研究開発の全体像 …………………………………………………… 74
　　4.5.2　主な研究開発の内容 ………………………………………………… 75
　　4.5.3　自動化建設機械による拠点建設実験 ……………………………… 77
　　4.5.4　実工事を利用した遠隔施工システムの実証 ……………………… 78
　　4.5.5　地上の施工システムへの展開として ……………………………… 80
　4.6　本章のまとめ …………………………………………………………… 80

第5章　災害対応における無人化施工 …………………………………… 83

　5.1　無人化施工とは ………………………………………………………… 84
　　5.1.1　概要 …………………………………………………………………… 84
　　5.1.2　無人化施工の操作方法の違い ……………………………………… 85
　　5.1.3　雲仙方式による無人化施工 ………………………………………… 86
　　5.1.4　遠隔操作式建設機械の構成 ………………………………………… 87
　5.2　無人化施工の技術の発展 ……………………………………………… 87
　5.3　災害対応のための準備 ………………………………………………… 91
　5.4　無人化施工の災害対応事例 …………………………………………… 93
　5.5　無人化施工技術における新しい取り組み …………………………… 97
　　5.5.1　無人化施工から派生した自動化システム ………………………… 97
　　5.5.2　無人化施工VR技術システム ……………………………………… 98
　5.6　無人化施工のこれからの展開 ………………………………………… 99

第6章　維持管理における建設ロボットの開発と活用 ……………… 101

　6.1　開発の歴史と社会背景 ………………………………………………… 102
　6.2　橋梁点検におけるロボット技術 ……………………………………… 103
　6.3　トンネル点検におけるロボット技術 ………………………………… 106
　6.4　研掃作業におけるロボット技術 ……………………………………… 112

6.5 下水道におけるロボット技術 ································ 115
6.6 橋脚水中部の調査におけるロボット技術 ················ 118
6.7 本章のまとめ ·· 119

第7章　我が国の水中建設ロボット技術 ···················· 121

7.1 ロボット技術を港湾建設に導入する際の技術的な課題 ·········· 122
 7.1.1 波と流れの存在 ·· 122
 7.1.2 自己位置の計測と通信環境の課題 ·························· 123
 7.1.3 視界の確保の課題 ·· 123
 7.1.4 動力源の確保の課題 ·· 123
7.2 水中建設機械の発展 ··· 124
 7.2.1 水中バックホウ ·· 124
 7.2.2 水中バックホウの導入事例 ··································· 129
 7.2.3 遠隔操縦式水陸両用ブルドーザ ······························ 133
 7.2.4 水中捨石均し機 ·· 137
7.3 港湾施設の維持管理における点検作業のロボット化 ··········· 144
 7.3.1 港湾分野における施設の点検と診断に関するガイドライン ··· 144
 7.3.2 桟橋上部工の点検診断作業へのロボットの活用事例 ········ 145
7.4 周辺状況の変化 ·· 150
 7.4.1 サイバーポート ·· 150
 7.4.2 メタロボティクス構造物 ······································ 153
7.5 展望とまとめ ·· 153

第8章　建設ロボットのさらなる進化 ·························· 157

8.1 建設ロボットのさらなる発展の可能性と期待 ··················· 158
8.2 建設ロボットのこれから ··· 160
 8.2.1 建設ロボットの技術的課題と解決策 ························· 160
 8.2.2 建設ロボットに関するプロジェクトの紹介 ················· 163
 8.2.3 自動施工における安全ルールVer.1.0 ······················· 165
 8.2.4 協調領域と競争領域 ·· 167
 8.2.5 本節のまとめ ·· 168

第1章 土木分野で用いられる日本の建設ロボット

1.1 開発の歴史と社会背景

1.2 建設ロボットの定義と機能

1.3 関連技術を取り入れながら進化する建設ロボット

1.4 建設ロボット導入の必要性

1.5 建設ロボット開発の特徴

1.6 本書の内容

第1章 土木分野で用いられる日本の建設ロボット

本章では，日本の土木分野において近年導入が進んでいるロボット技術に関し，その開発の歴史，建設ロボットの定義と機能，他分野の関連技術を取り入れながら進められている技術開発の進め方，近年開発が加速する社会的背景とともに，第2章以降の本書の内容について紹介する．

◆ 1.1 開発の歴史と社会背景

土木工事に建設ロボットが初めて導入されたのがいつかは定かではないが，1968年には，水陸両用ブルドーザが開発され，川底の岩盤掘削やヘドロ等の堆積物除去作業に用いられている（**図1.1**参照）[1]．

このマシンは，エンジンとラジエーター部分を密閉し，その上部に2本の煙突を立てて吸気・排気を行う構造を有し，水深3mまでの作業を行うことができた．水中での作業になるためオペレータは陸上から無線操縦で操作を行うタイプで，現在の無人化施工システムの原型といえる．

図1.1 水陸両用ブルドーザ [1]

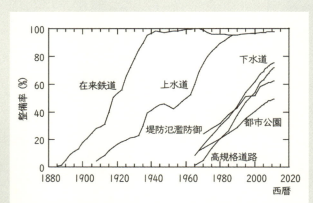

図1.2 日本のインフラ整備の推移 [2]

その頃の日本は1955年頃から続く経済成長期にあったが，1973年に第1次オイルショックが起こり経済成長は一端収束した．しかし，1978年頃にはオイルショックによる不景気を脱し，経済活動と人々の生活を支えるべく，**図1.2**に示すように，高速道路建設，上下水道や河川整備，鉄道建設をはじめとする様々なインフラ工事が行われてきた[2]．これに伴い1980年代に入ると建設に携わる労働者の不足がきわめて深刻な問題となり，建設従事者不足を補う手段として大手建設会社を中心に建設ロボットの研究開発が始められた．

1990年代に入り，いわゆるバブル経済が崩壊すると，人手不足という問題が影を潜め，かつ経済の低迷から建設投資が年々減少する中で，建設ロボット開発の余力と気運は急激に縮小していった．これに伴い建設ロボットの一般の工事現場での使用はほとんど無くなり，人が入ることができ

ない狭隘な場所での作業や災害時の復旧工事など，限られた工事での活用に限定されていった．その中で特筆すべき取り組みは，長崎県の島原半島にある雲仙普賢岳の災害復旧工事である．

雲仙普賢岳は1990年11月に噴火したが，翌1991年2月には再度噴火し，研究者やマスコミ関係者を中心に44名の死者・行方不明者と9名の負傷者を出した．2回目の噴火後も土石流や火砕流が頻繁に起こる中，周辺地域をそれらから守るために図1.3に示すように，砂防堰堤の建設工事を行うことになったが[3]，さらなる噴火や火砕流が起こる可能性があり，現場に人が立ち入ることができなかった．このため，図1.4に示すように危険エリア外から建設機械を遠隔操作する形で砂防堰堤の構築工事が行われた[4]．工事では，複数の機械制御信号の電波干渉，遠隔操作における現場状況把握の困難さ，想定外の状況への対応，施工効率の低下など，多くの課題が明らかになったが，20年以上にわたる工事の中で課題を克服しながら技術としての進化を続けてきた．その結果，この無人化施工システムは雲仙普賢岳に限らず，現在では数多くの災害復旧の現場で効果的に用いられており（図1.5参照），2011年に発生した東日本大震災に伴う福島第1原子力発電所の事故では，高い放射線で人が全く近づくことができない被災現場で，図1.6に示すように建屋の解体や散乱する瓦礫の撤去などの作業を行うことができた．これは，無人化施工技術が雲仙普賢岳で実際に工事を行いながら技術開発を行うことで，きわめて実践的な技術に仕上がっていた成果といえる．

図1.3 雲仙普賢岳における砂防堰堤工事[3]

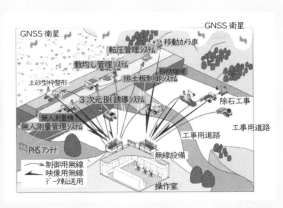

図1.4 雲仙普賢岳の砂防工事における無人化施工[4]

図1.5 紀伊半島水害の復旧工事で利用された無人化施工技術（2011年）（(株)熊谷組提供）

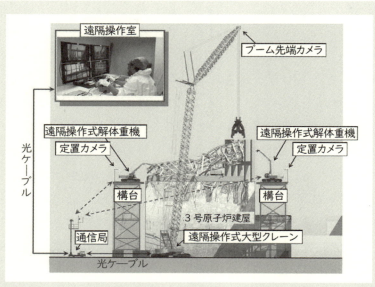

図1.6 東日本大震災 福島第1原子力発電所で活用された無人化施工技術（鹿島建設（株）提供）

　前述のように1990年台にインフラ用建設ロボットの開発・導入は一端低迷期に入ったが，2007年頃にそれまで増加し続けてきた日本の人口が減少に転じた頃からこの状況は変わりだした．人口減少に伴い，生産年齢人口が急激に減少して担い手不足が顕著になる一方で，2011年に発生した東日本大震災の復興事業や2020年開催の東京オリンピックに向けて都市の再開発が進み，建設投資が増えてきた．このため，人手不足への懸念が再び高まってきたことと同時にICTや人工知能，AI技術の急速な進化が追い風となり，ロボット開発の機運が高まってきた．特にAIの進歩は，不確定要因の多い建設作業において重機にある程度の判断機能を持たすことができるという点で，自律型建設ロボットの実現に大きく貢献している．今では完全自律型のロボット群が，ダム工事をはじめ，実際の工事現場で用いられるようになっている（**図1.7**参照）．詳細は，第4章で紹介する．

図1.7 自律型建設ロボットによる土工作業（鹿島建設（株）提供）

このような建設ロボットの進化を踏まえ，建設ロボット技術を宇宙開発に適用しようとする取り組みも始まっている．宇宙航空研究開発機構JAXAでは，これまで培われてきた自律型建設ロボット技術を活用し，月面に基地を建設するプロジェクトの研究が始まっている（**図1.8，1.9**参照）．月面基地建設も今や夢物語ではなく，具体的な方法が検討され始めているが，その際，地球上とは大きく異なる環境や施工条件が月面基地建設を難しくしている．例えば，地球の1/6の重力加速度，空気が無く，約15日毎に繰り返される昼と夜，それに伴い温度も110℃〜−170℃の間で大きく変化する等の環境条件は，月面上での建設工事をきわめて難しいものにしている．また，地球と月の間の通信には片道約1.3秒を要するため，月面上の状況を映像を通じて把握し，それに対する指示を送るのに約2.6秒の時間を要することになる．これにより，遠隔操作による作業ではタイムラグが大きすぎることになるため，施工効率が極端に小さくなるだけでなく，操作遅れから事故が起こる可能性も高くなる．このため，自律型の建設機械の使用が期待されることになるが，近年開発された建設ロボットは，その期待に応える機能を有しているといえる．

　なお，この研究開発プロジェクトで，地球とは全く異なる環境と条件のもとでも所定の作業を行うことのできるロボットシステムの開発が実現されると，その技術を地球上に還元すればこれまでに無い画期的な建設ロボットになることが期待される．例えば，低重力下で反力確保が難しいという条件の下で，小型の機械で効率的に地盤を掘削することのできるロボットが開発されると，それは地球上では，きわめて高機能の建設ロボットになり，建設ロボットのさらなる発展がもたらされることも期待されている．

図1.8 自律型建設ロボットを活用した月面基地建設プロジェクト（鹿島建設（株）提供）

図1.9 月面を模擬した屋内実験施設における実験

1.2 建設ロボットの定義と機能

　ファクトリーオートメーション（FA）と呼ばれる一般製造業におけるロボット導入に比べると，建設分野でのロボット導入は，20年から30年遅れていると言われている．これは，建設という分野が有している特異性に起因している．すなわち，一般製造業のファクトリーオートメーションで使用されるロボットは下記の特徴を有している．
1) 作業対象物の形や物性は固定で，事前に想定することができる．
2) 作業環境は屋内で一定しており，不確定要因が少ない．
3) ロボットは固定位置で作業を行うことができるため，自らが移動する必要がない．
　これに対し，土木分野で使用されるロボットは下記の特徴がある．
1) 作業対象物は土砂などの自然物であるため，多種多様であり，その物性を事前に想定することが困難．
2) 作業環境は屋外であるため，不確定で変動する要因が多い．
3) 作業対象物は山や川などで位置が固定されているため，機械の方が移動して作業を行わなければならない．
　このため，建設分野で用いられるロボットには，状況に応じて高度な判断を行う機能が求められる．
　図1.10は，一般の建設機械が建設ロボットに進化する際に具備すべき機能を示している．広大で，かつ時々刻々変化する現場において，自分の位置座標を正確に把握して目的地へ自分自身を誘導する機能，岩や土など不規則性が高い作業対象物の形状や力学特性を把握する機能，作業対象物に応じてバケットやブレードなどの作業部位を無駄なく動かす機能，自らと他の機械や人を事故から守るための安全管理機能，多種多様な機械が相互に連携しながら作業を行う群制御機能等である．これまでは機械のオペレータが担っていたこれらの機能を建設ロボットでは機械自身が発揮しなければならないことになる．

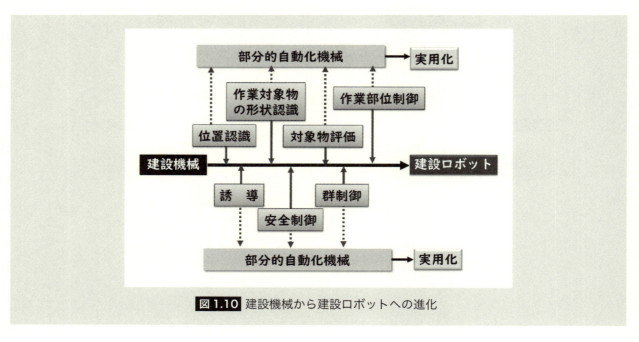

図1.10 建設機械から建設ロボットへの進化

狭義にとらえると，これらの機能を全て具備していなければ，建設ロボットと呼べないのかもしれないが，これまで建設ロボットの定義としては，「従来，建設分野で用いられてきた機械や機器に何らかの自動化機能を付加し，高度化を図った機械と機器の総称」と認識されていることが多い．GNSSなどの衛星測位技術は重機の3次元位置座標の特定を可能にした．次節で紹介する振動ローラの振動挙動により地盤剛性を把握する技術は，作業対象物の評価技術の一例といえる．また，図1.11に示すマシンコントロールMCと呼ばれるブレード制御機能付きのブルドーザは，作業部位制御の事例を，さらに，前述の遠隔操作による無人化施工技術は誘導・作業部位制御の事例といえる．これらは，部分的自動化技術としてすでに現場で実用化されており，現場での実使用を通してより高度な技術にすべく改良が加えられている．

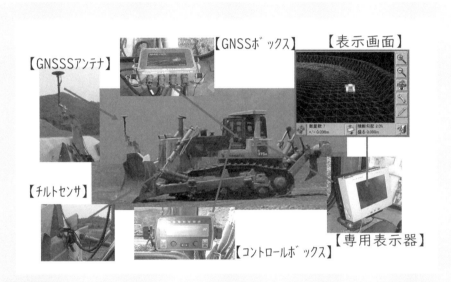

図1.11 マシンコントロールによるブルドーザのブレード制御（（株）安藤・間提供）

ロボットの基本的な役割が人のサポートにあるとすると，これらの機能は本来オペレータが行うべき動作を機械が担ってくれるものであり，この意味からロボットの機能を十分に果たしているといえる．このため，これまではロボット技術の集大成的な狭義の自律型ロボットではなく，個別の実用的な要素技術を備えた建設に関わる機械や機器をも含めて建設ロボットと呼んできたが，今後，自律型建設ロボットが実際の現場に投入され，汎用化してくると，建設ロボットの定義も狭義の自律型建設機械に対する呼称に替わっていくと考えられる．

1.3 関連技術を取り入れながら進化する建設ロボット

日本における建設ロボットの開発は，関連分野で開発された技術を取り入れて，段階的に進化してきたといえる．建設ロボットの開発が始められた1970年代は，機械，電気，電子，情報分野の知識・技術の融合による機械制御の高度化が急速に進んだ時代である．機械（メカニックス）と電子制御（エレクトロニクス）を組み合わせたメカトロニクスという言葉が使われ出したのもこの頃で，製造業ではこの技術を活用した製造ラインの省人化，効率化が図られるようになった[5]．図1.12

に他分野が融合したメカトロニクスのイメージを示す．

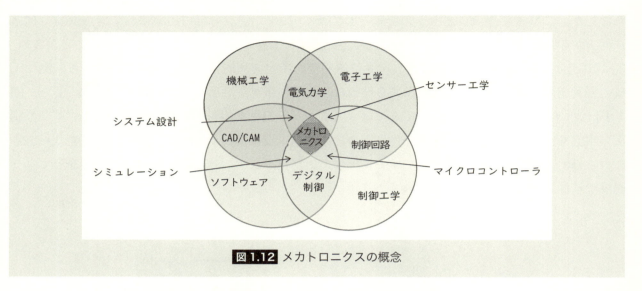

図1.12 メカトロニクスの概念

　1980年代に入ると油圧とその制御技術の高度化が大きく進んだ．油圧部品を多用する建設機械では，メカトロニクスの技術を油圧制御に活かし，自動化技術の研究開発が進み出した．当時は，インフラ整備が急速に進められていた時代で，バブル経済の波の中で極度の人手不足から，省人化を目的とする建設ロボット開発がピークに達していた．

　1990年代に入ると，バブル景気の崩壊とともに，建設ロボット開発は急激に勢いを失い，災害時対応や維持管理対応として研究開発が継続されてきたが，2000年代に入り，GPSやGNSSなどの衛星測位技術の普及により，広い現場で建設機械の3次元位置特定を効率的に行うことができるようになった（**図1.13**）．

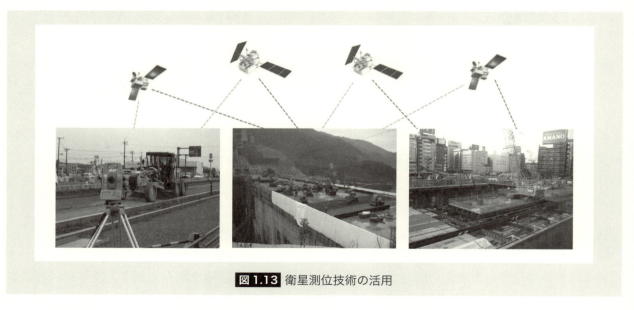

図1.13 衛星測位技術の活用

　それに伴い，これまで位置特定が困難で現場実装が遅れていた技術も現場に導入することができるようになった．土の締固め施工における振動ローラの加速度応答法もそういった技術の一つである．この手法は，土の締固め施工で用いられる振動ローラの振動加速度を計測し，その変化から地

盤の締固め度（地盤剛性）を評価するもので，施工ヤード全面の締固め度をリアルタイムで評価することができる[6]．この技術は1980年頃に開発され，新しい施工管理手法として現場への導入が図られていたが，締め固めた土の地盤剛性を計測することはできても，当時は広い現場においてその位置を正確に特定する手法がなかったため，実現場への導入は進まなかった．この状況は，衛星測位技術の導入により一変した．衛星測位技術を用いた振動ローラの位置特定技術と加速度応答法を組み合わせることにより，現場内の任意地点の締固め度（地盤剛性）を的確にモニターすることができるようになったため，現場への導入が可能になり，関西国際空港第2期島工事などの大規模造成工事で採用されるようになった．

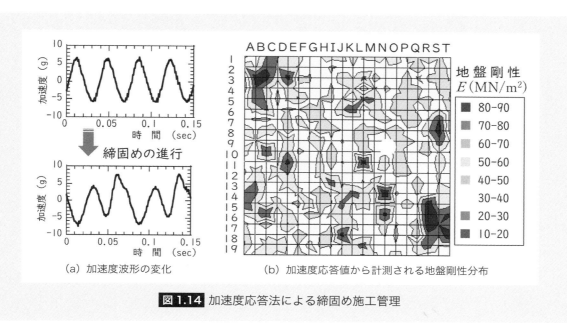

(a) 加速度波形の変化　　(b) 加速度応答値から計測される地盤剛性分布

図1.14 加速度応答法による締固め施工管理

図1.11で紹介したマシンコントロールMCも同様で，衛星測位技術が一般でも使われるようになったことで現場実装が可能になった技術は数多くあり，建設施工の進化において，衛星測位技術は大きな影響を与えたといえる．

また，2000年代に入ると，物体の3次元座標の把握と活用が大きく進み出した．3Dレーザースキャナーや写真測量技術が急速に汎用化し，様々な物体形状の3次元座標データの計測が比較的に短時間で行うことができるようになった．建設分野でもこの技術を積極的に取り入れ，作業対象である物体の外形状を3次元で把握することに活用した．図1.15にドローンと呼ばれる小型無人飛行体で上空から撮影した写真から現場の3次元座標データを計測した事例を示す．さらに3次元データの活用により，建設機械は，3次元設計で決められた出来形形状に合わせて油圧ショベルのバケットやブルドーザのブレードを自動で動かすことができるようになり（図1.11参照），作業の自動化は大きく進んだ．

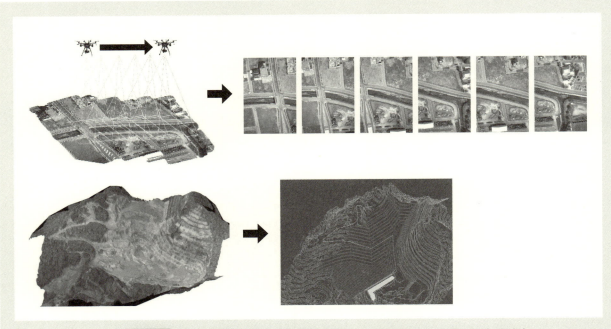

図1.15 3次元測量による，現場の状況把握（奥村組土木興業（株）提供）

　2010年代後半になると，人口減少社会に対応した建設改革の流れの中で，建設ロボット開発の必要性が再認識された．これと同時に人工知能AIの開発研究が大きく進展した．前述のように，現場の計測結果から，AIを用いて現場の状況を把握し，それに適切に対応することのできる自律型ロボットの導入が実現されている．このように建設ロボットは，他分野の技術開発に支えられ，それらを取り入れることにより，進化してきたといえる．

1.4 建設ロボット導入の必要性

　日本の将来を考える上で，人口の推移予測はきわめて重要な論点となる．**図1.16**は日本の人口推計である[7]．2020年時点の日本の総人口は125,325千人で，このうち生産年齢人口と呼ばれる15歳から64歳までの人口は74,058千人である．この推計によると今後，総人口，生産年齢人口とも減少を続け，30年後の2050年には生産年齢人口は52,750千人となる．このシナリオ通りに進むと，30年後には現在の71.2％の生産年齢人口で日本の社会を支えていかなければならないことになる．

　生産年齢人口の減少は，建設産業にも大きな影響を及ぼす．直接的には建設従事者減少の加速が懸念されるが，それとともに建設投資の減少も問題となる．すなわち，税収が減少し，またインフラの使用自体も少なくなる中，年々減少を続けるインフラ整備予算が増加に転じることを期待することは，益々難しい状況になると予想される．

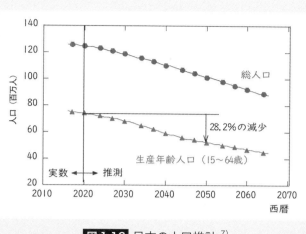

図1.16 日本の人口推計 [7]

一方で，日本の総人口の減少に則して社会インフラの新規建設は勢いを失いつつも，人々の活動と生活を支えるインフラの維持管理に伴う工事は今後益々増えていくことになる．**図1.17**は，日本の社会資本投資の推移を表している[8]．新設工事は1990年代に比べると6割以下に低下しているが，維持補修工事は増加しており，今後も増えていくことになる．維持補修工事は，一般に新設工事よりも複雑で難しい工事が多い．劣化箇所を特定し，その原因を取り除く形で補修方法を決めて，かつその施設を使いながら補修や更新を行わなければならないからである．

また，自然災害という点からも建設業は厳しい対応を迫られている．**図1.18**は，全国における時間50mm以上の豪雨の年間発生回数を表している[9]．雨が多い年もあれば少ない年もあるが，トレンドとしてみると，間違いなく時間50mmを超える雨の回数は増加している．豪雨だけでなく，地震，火山をはじめとして日本の自然災害は激化してきている．

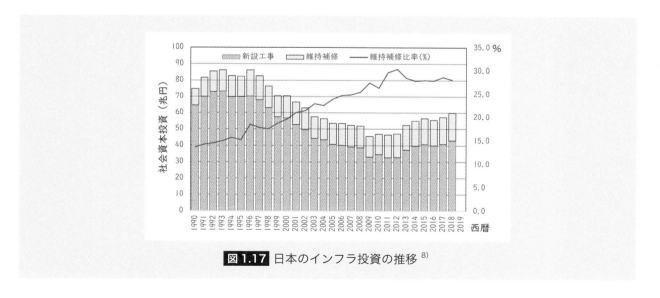

図1.17 日本のインフラ投資の推移 [8]

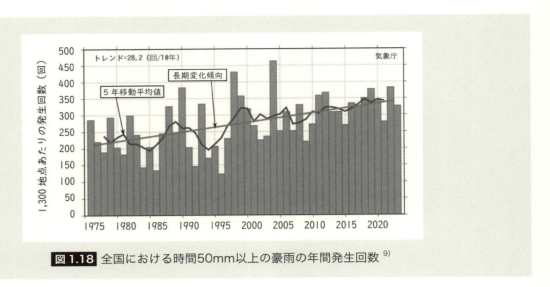

図1.18 全国における時間50mm以上の豪雨の年間発生回数 [9]

　以上の状況をまとめると，建設産業は，生産年齢人口の減少から，担い手不足がますます深刻化するとともに，インフラ投資予算が増加に転じることは望めない状況の中で，インフラの維持補修・更新，あるいは災害対策の強化という，これまでよりも複雑で難しい工事をこなしていかなければならない状況に置かれていることになる．建設の役割は，社会に対して，将来にわたって，安定的にインフラを提供していくことであるが，これまでと同じ方法，あるいはその延長線上での議論をしていたのでは，対処できない状況に陥りつつある．

　これらの仕事を担う建設産業の労働環境や条件は以前に比べると改善されつつあるものの，**図1.19**に示すように賃金水準，労働時間は全産業平均に比べ劣っており，さらに死亡災害の件数も全産業の1/3を占めている[8]．すなわち他産業に比べると依然，きつい，汚い，危険の3Kと呼ばれる状況は改善されておらず，今後，建設産業を支える人材確保は益々難しくなることが危惧される．

　この原因の一つと考えられているのが，建設産業の低迷する労働生産性である．**図1.20**は産業別の労働生産性の推移を表している[8]．高度成長期からバブルと呼ばれた好景気時期にかけて，建設産業の労働生産性は一般製造業よりも高い水準を保っていた．しかしながら，1980年代後半から一般製造業は，自動化などの新しい技術を生産ラインに導入するなど様々な取り組みを行い，20年間に生産性を大きく改善してきた．一方で建設産業は，インフラ投資が年々減少する中，だぶついた生産力から生産性を高める必要性が認識されず，生産性を改善するどころか低下させる状況に陥っていた．

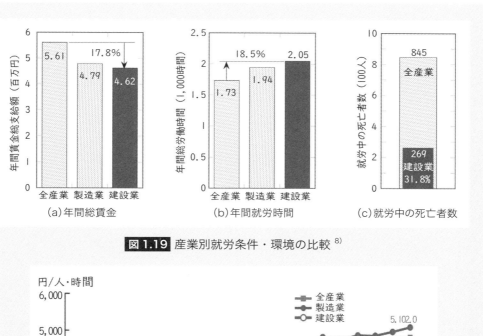

図1.19 産業別就労条件・環境の比較[8]

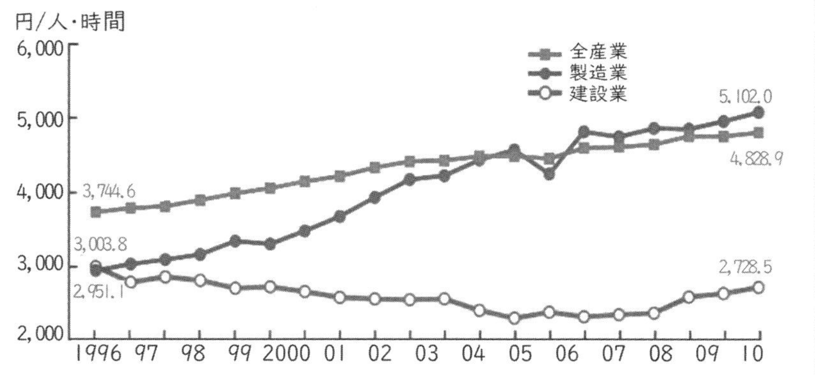

図1.20 産業別労働生産性の推移[8]

　このような状況を背景に国土交通省では，生産性の大幅な改善を通じて，建設業を高水準の「給料」と「休暇」，ならびに「希望」の3つのK，すなわち「新3K」で象徴される産業に変えていくことを目指し，i-Constructionなる施策を打ち出した[10]．

　このi-Constructionでは，「一般製造業に比べて遅れていたICTの積極的活用，単品・現場生産に起因する非効率性を改善する規格の標準化，時期により偏りが顕著な発注の年間を通じての平準化などを柱に据えて，様々な施策により生産性の向上をもたらし，もって新3Kを実現し，建設業の体質を変えていくことを目指す」としている．これらの施策の中でも，ICTの積極活用による生産性の向上には大きな期待が寄せられており，建設の自動化，すなわち建設ロボットの導入も主要な施策の一つといえる．詳細は，第2章で説明される．

1.5 建設ロボット開発の特徴

　図1.21は，産業別に売上高に対する研究開発予算の割合を比較したものである[8]．製薬業は12％以上，製造業は売上高の約4％を新製品の研究開発に費やしている．一方，建設業は売上高のわずか0.4％しか新技術の開発に費やしていない．しかしながら，建設業では，実際の工事プロジェ

クトの中で，その予算を使い技術開発を行っている．もちろん，小規模な工事では難しいが，大規模な工事では，何らかの技術開発が指向されることが多い．このため，ここで開発された技術は，高度な技術の開発ではなく，確実にプロジェクトに役立ち，きわめて実用的な技術の開発につながるものでなければならない．だからこそ建設ロボットの多くは，実際の建設プロジェクトで有効に活用できるといえる．

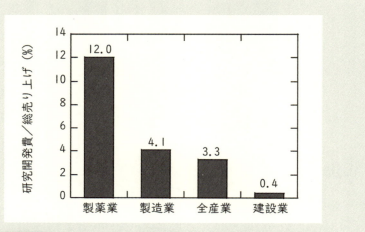

図1.21 総予算に対する研究開発予算の割合（産業別比較）[8]

◆ 1.6 本書の内容

本書の以降の章では，この章で紹介した日本の土木分野で用いられている建設ロボットについて，より詳しく説明する．各章の内容は，以下の通りである．

土木工事はインフラ整備に関わる工事が多く，それらは政府と地方自治体発注の工事として行われる．第2章では，インフラ整備における省人化の必要性とその具体的施策としての建設施工のロボット化の推進について日本国政府の取り組みを紹介する．

第3章では，建設ロボットに関する現在の国内および海外における研究開発状況と，今後それらの建設ロボットを発展・普及させる際の課題を示すとともに，それら課題点に対する解決方法案について紹介する．

第4章では，近年急速に実用化が進んでいる自律型建設ロボットのダム現場等における導入事例を紹介するとともに，それを月面基地建設において活用すべく取り組まれている研究開発について紹介する．

前述のように日本の建設ロボットの歴史の中で，雲仙普賢岳の復興事業に始まる災害復旧工事における無人化施工技術の開発は，重要な位置づけをなしている．第5章では，災害対応における無人化施工技術の詳細について紹介する．

日本のインフラ整備は，建設から維持管理の時代に移りつつある．生産年齢人口が減少する中で維持管理工事における省人化と効率化の必要性は年々高まりつつある．第6章では，維持管理における建設ロボットの活用を紹介する．

港湾などの海洋構造物の整備では，水中作業が多く，早くから自動化技術の導入が進められてきたが，水中では衛星測位技術が使えないなど，特殊な環境であるため，地上の建設ロボットとは異なるロボット開発が進められてきた．第7章では，海洋工事における建設ロボット開発の現状を紹介する．

　第8章では，これからの建設ロボット開発とそれを活用した建設改革の方向性について述べる．

〈参考文献〉
1) 国土交通省 関東技術事務所：建設技術展示館，
https://www.kense-te.go.jp/exhibition/#shield（2024年10月3日 閲覧）
2) 国土交通省：国土交通白書2023より作成
3) 国土交通省 九州地方整備局：雲仙砂防管理センター資料
4) 建設無人化施工協会：無人化施工の歴史と技術の変遷について，
http://www.kenmukyou.gr.jp/about/pdf/（2024年10月3日 閲覧）
5) 日本機械学会 編：機械工学便覧 応用システム編，γ7 メカトロニクス・ロボティクス，丸善，2008年12月
6) 建山和由他：地盤工学会 地盤工学・実務シリーズ30 土の締固め（第3章），丸善出版，2012年4月
7) 国立社会保障・人口問題研究所：日本の将来推計人口（平成29年推計），
https://www.ipss.go.jp/pp-zenkoku/j/zenkoku2017/pp_zenkoku2017.asp（2024年10月3日 閲覧）
8) 一般社団法人日本建設業連合会：建設業デジタルハンドブックから
https://www.nikkenren.com/publication/handbook/（2024年10月3日 閲覧）
9) 気象庁：大雨や猛暑日など（極端現象）のこれまでの変化，
https://www.data.jma.go.jp/cpdinfo/extreme/extreme_p.html（2024年10月3日 閲覧）
10) 国土交通省：i-Construction 〜建設現場の生産性革命〜，i-Construction委員会報告書，2016年4月

第2章 建設現場へのロボット導入に関わる政府の取り組み

2.1 ロボット新戦略
   2.1.1 社会インフラにおけるロボット重点領域
   2.1.2 ロボット推進3分野の背景および目標設定

2.2 次世代社会インフラ用ロボットの開発導入推進プロジェクト
   2.2.1 現場検証・評価の結果
   2.2.2 試行的導入を通じたロボットの社会実装方法の提案
   2.2.3 SIP（戦略的イノベーション創造プログラム）との連携

2.3 公共土木工事での先駆的導入
   2.3.1 建設業の労働生産性
   2.3.2 ICT施工の黎明期
   2.3.3 i-Constructionの始動

2.4 おわりに

第2章 建設現場へのロボット導入に関わる政府の取り組み

日本の建設業は，頻発する災害への対策強化や高齢化社会に起因する深刻な労働力不足など多くの課題を抱えている．この状況を打破すべく，政府は技術革新が進むロボットやAIなどの新技術を積極的に導入することによって建設現場の生産性や安全性を画期的に高める施策を打ち出している．最近の建設産業の大きな変革は，この施策に負うところが大きいといえる．本章では，建設現場へのロボット導入にかかる政府の取り組みについて紹介する．

2.1 ロボット新戦略

日本は，産業用ロボットの年間出荷額3,400億円，国内稼動台数約30万台を誇る世界有数のロボット利用大国である．建設現場にある油圧ショベルは，世界シェアの80％以上が日本モデルであると言われており，3次元設計データによる重機のマシンコントロール技術は，遠隔操作により災害現場での復旧を行う無人化施工とともに日本が誇る建設技術である．一方で日本は，少子高齢化に起因する深刻な人手不足や老朽化インフラの増加など，ロボットの活用が期待される「課題先進国」でもある．

そこで政府は「ロボットによる新たな産業革命を起こす」として，2015年1月に安倍総理大臣がロボット革命実現会議を開催し，同年2月にロボット新戦略を政府として決定した（**写真2.1，2.2**）．ロボットの先進的利用社会の実現に向けて，政府は，「科学技術イノベーション総合戦略2015」「日本再興戦略2014，改定2015」においても，社会インフラにおける効率的・効果的な維持管理の実現，および，安全，かつ迅速・的確な災害対応を実現するためのロボット技術の導入推進を掲げ，その上で「ロボット新戦略」において，ロボット利活用社会の実現に向けた取り組みを宣言した[1]．

写真2.1 新戦略にかかる報告書を受け取る安倍総理

写真2.2 ロボット革命実現会議

ここで，「ロボット革命」とは，
① センサー，AIなどの技術進歩により，従来はロボットと位置づけられてこなかったモノまでもロボット化し（例えば，自動車，家電，携帯電話や住居までもがロボットの一つとなる．），
② 製造現場から日常生活の様々な場面でロボットを活用することにより，

③ 社会課題の解決やものづくり・サービスの国際競争力の強化を通じて，新たな付加価値を生み出し利便性と富をもたらす社会を実現することである．

ロボット革命の実現に向け，日本全体の付加価値の向上や生産性の抜本的強化が期待される分野として，ものづくり，サービス，介護・医療，インフラ・災害対応・建設，農林水産業・食品産業の5分野を特定し，各分野において2020年に実現すべき戦略目標（KPI）を設定した[2]．

ロボット革命を実現するためのロボット新戦略は，ものづくりサービス，農業，介護・医療，社会インフラ・災害対応・建設など，広範囲の分野での開発と導入を推進することを目指し，策定から5年間をロボット革命集中実施期間と位置づけ，官民で1,000億円を投資し，ロボット市場を4倍近くの2.4兆円に拡大することを目指した．

世界一のロボット利活用社会の実現を目指し，日本をショーケースとし，そして真に使えるロボットを創り活かすために，ロボットの開発・導入を戦略的に進めるとともに，そのロボットを活かす環境整備に取り組むこととなった．

ロボット革命を目指す5分野の中で，インフラ・災害対応・建設分野におけるKPIは，「現場ニーズに沿った技術開発を進めるとともに，国自らが率先してロボットを活用する「モデル事業」の実施や，民間での保有が難しい特殊ロボット等についての公的機関における計画的な配備などにより導入を促進すること，さらに，インフラ維持管理等にかかわる現場検証結果を踏まえて，有用なロボットについての効果的・効率的な活用方法を定めること等を実施する．これにより，2020年までに情報化施工技術の普及率3割，国内の重要・老朽インフラの20％においてロボット等の活用を目指す．」とした．

さらにロボット新戦略では，建設施工（i-Construction），インフラ維持管理（橋梁・トンネル・水中構造物の点検），災害対応（災害調査・応急復旧）の3分野をロボット推進の重点分野とした（**図2.1**）．

図2.1 ロボット新戦略におけるインフラ分野の優先導入領域

2.1.1 社会インフラにおけるロボット重点領域

国土交通省は，膨大なインフラ点検を効果的・効率的に行い，また，人が近づくことが困難な災害現場の調査や応急復旧を迅速かつ的確に実施するための「次世代社会インフラ用ロボット」の開発・導入を推進している．このため，ロボット産業を所管する経済産業省と「次世代社会インフラ用ロボット開発・導入検討会」を共同設置し，ロボットの開発・導入を重点的に推進する5分野（「橋梁維持管理」「トンネル維持管理」「水中構造物の維持管理（ダム・河川）」「災害調査」「災害応急復旧」）を設定した[3]．

国交省では，規模の大小に関わらず技術革新に力を注ぐ様々な分野のエンジニア，経営者，学識者と力を合わせ，建設生産分野においては，後述の2.3.3節で紹介する"i-Construction"の実現を，インフラ維持管理と災害対応においては，"次世代社会インフラ用ロボットの開発・導入"を推進している．

2.1.2 ロボット推進3分野の背景および目標設定

建設分野において「災害対応の迅速化」「建設現場の生産性向上」「インフラ点検の効率化」を重点分野とした背景について述べる．

日本は，世界有数の地震多発国である．日本列島の周辺には図2.2に示すように4つの大きなプレートがあり，プレート型の地震が多く発生し，M6以上の地震の20％が日本国内で発生するとともに，火山活動も活発である．2011年の東日本震災に続き，2016年にはM7.3の熊本地震が発生し，甚大な被害をもたらした．日本では，人が立ち入れない危険な現場における迅速な災害対処のために，重機の遠隔操作による無人化施工が行われてきた．しかし，遠隔操作では従前と比べて作業効率が30～50％低下するため，小規模な現場では，人が危険を冒して工事を進める場面も多い．このため，災害対処においても従前の方法と比べても遜色ない施工効率の実現が望まれる．

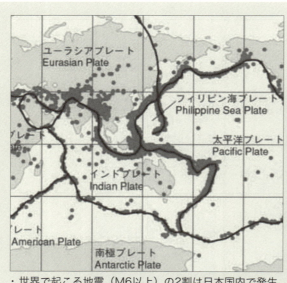

・世界で起こる地震（M6以上）の2割は日本国内で発生．
・首都直下型地震や南海トラフ地震の脅威

M7.3熊本地震（2016.4）

図2.2 頻発する大規模災害への対処

災害復旧でも重要な役割を担う建設産業の高齢化は深刻である．日本では本格的な高齢化社会を迎えつつあり，**図2.3**が示すように，建設業では技能労働者の35％が55才以上となり，30才未満の労働者はわずか10％であることを表している．今後10年間での大量退職によりさらなる労働力不足が予想される．

次に日本における社会資本の老朽化問題について言及する．日本国内の橋梁総数は約70万橋あり，このうち建設後50年を経過した橋梁（15m以上）の割合は，2010年時点では8％であったが，2020年時点現在では26％，2030年には53％に増加する予定である（**図2.4**）．インフラの多くが1964年に開催された東京オリンピック前後の高度経済成長期に建設されたことから，今後の老朽化対策が大きな課題となる．

2012年には，中央自動車道笹子トンネルの天井板が130mにわたり崩壊し9名の人命が失われた（**写真2.3**）．定期点検などで打音検査を怠ったことが事故につながったことから，この事故を契機に全国でトンネルの緊急点検が行われ，問題箇所が多数見つかった．補修・改修しながら寿命を延ばして使い続けていかなければならない社会インフラの課題が新ためてクローズアップされた．また橋梁に関しても，日本各地で緊急点検を実施しところ，多くの損傷が発見された．50年前に建設された木曽川大橋で鋼製トラス橋の斜材が腐食により切断している状況が確認された（**写真2.4**）．

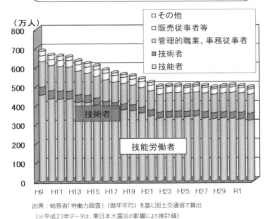
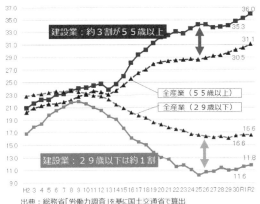

図2.3 建設産業における労働力減少

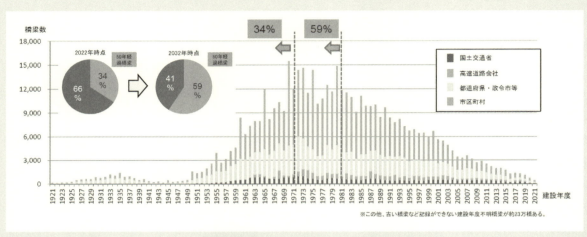

図2.4 老朽化が進む日本の道路橋

写真2.3 笹子トンネル天井板の崩落

近接目視点検

破断した鋼材

損傷発見後、直ちに管理者が対策を実施

補修後（開口部設置）

写真2.4 木曽川大橋の斜材破断と近接目視点検

2.2 次世代社会インフラ用ロボットの開発導入推進プロジェクト

　国土交通省では，膨大なインフラ点検を効果的・効率的に行い，また，人が近づくことが困難な災害現場の調査や応急復旧を迅速かつ的確に実施するための「次世代社会インフラ用ロボット」の開発・導入を推進している．重点分野とした「橋梁点検」「トンネル点検」「水中点検」の点検に関連する3分野に加えて「災害調査」と「災害応急復旧」の災害対処関連する2分野を対象に，2014～2015年度の2ヶ年で実用性に優れたロボットを公募し，試行的導入に向けた実用性を確認するための現場検証と評価を実施した（**図2.5**）[4),5)]．

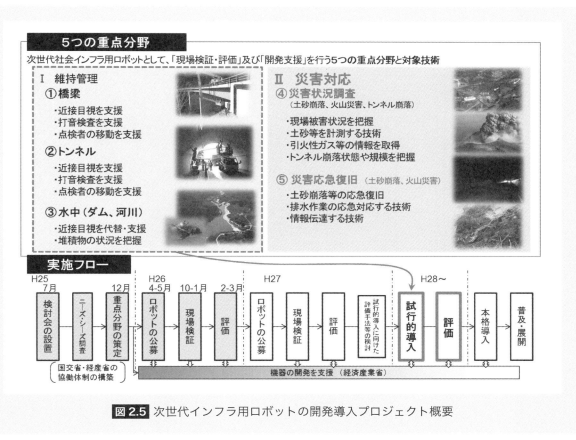

図2.5 次世代インフラ用ロボットの開発導入プロジェクト概要

　2016年度からは，災害調査および応急復旧の2分野については，地方整備局において災害協定を締結するなど，優れたロボット技術の活用を促進し，また維持管理3分野（橋梁・トンネル・水中構造物等）については，試行的導入を経てロボットを利用した点検手順を確立した．これらのロボット技術の活用促進のために策定された「新技術導入ガイドライン」と「点検支援技術カタログ集」は，国土交通省のWebサイトに公開されている[6),7)]．また，後述のように戦略的イノベーション推進プログラム（SIP）と連携し，さらなる高度化が図られている．

2.2.1 現場検証・評価の結果

　2014，2015年度の二カ年で「維持管理」および「災害対応」に役立つロボットの公募を行い，延べ171件のロボット技術について，延べ26箇所の実フィールドにおいて現場検証が行われた[8)]．

① 橋梁点検ロボット

　橋梁点検用ロボットの現場検証においては，鋼橋・コンクリート橋の床版・橋脚・橋台・桁・支承等を点検対象とし，点検員が行う近接目視点検や打音検査を支援することについての可能性が検証された．

　ロボットには，点検作業における人のプロセスである「行く」，「見る・撮る」，「検出する」，「記録する」といった一連の働きを支援する機能が求められた（**図2.6**）．応募技術の『移動機構』は，「飛行型，懸架型，車両型，ポール型，吸着型」，『センサー』として「カメラ，赤外線等」，『データ処理』として「損傷自動抽出・解析，オルソ画像化，3元化等」と，これらの組合せにより，多種多様なロボット技術が提案された（**図2.7**）．

　2015年度の検証の結果，点検の各プロセスにおいて，いくつかの支援の可能性と課題が確認された．とりわけ，「検出する」および「記録する」については，異分野でも画像利用・解析技術，情報通信技術の進歩が著しいことから，さらなる改良が期待されるとされた[9), 10)]．

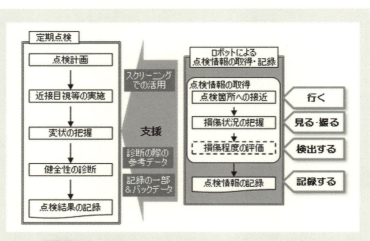

図2.6 橋梁点検作業におけるロボット支援イメージ

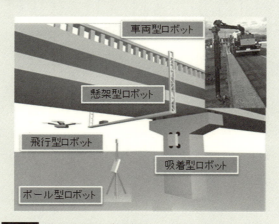

図2.7 様々な方式が提案された橋梁点検ロボット

② トンネル点検ロボット[11]

トンネル点検用ロボットの現場検証においては，覆工・坑門等に発生した変状（ひび割れ，うき，剥離，変形等）の点検について，点検員が行う近接目視点検や打音検査を支援する可能性の検証を実施した．具体的な利用場面として，人による点検の前にロボットで計測を行い効率化する使い方（シナリオ1）と，人が点検した後にロボットを用いて計測（スケッチ）する使い方（シナリオ2）について検証が行われた（図2.8）．シナリオ1では，人による点検がより効率的になる可能性が確認され，シナリオ2では人によるスケッチ作業の省略および車線規制時間の短縮の可能性が高いことが確認された．いずれのロボット技術においても人による変状抽出・評価・判断のプロセスが必要であり，ロボット技術を扱う人の技術力の確保・向上も重要な課題であることが認識された．

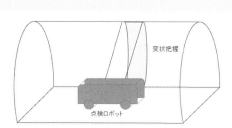 

シナリオ1：従来点検前にロボットで計測　　シナリオ2：ロボットによりスケッチ作業を実施

図2.8 利用場面のイメージ

③ 水中点検ロボット[12]

水中点検用ロボットの現場検証においては，ダムのゲート設備の「腐食，損傷，変形」，堤体等のコンクリート構造物の「損傷等」，ダム貯水池の堆砂等の「堆積物の状況」，河川の「河床洗掘等」，河川護岸における「コンクリート部の損傷，鋼矢板部の劣化・損傷状況等」について，潜水士による近接目視の代替（精査）または支援（概査）することについての可能性が検証された．「ダム用」については，潜水士の作業時間が制限される水深条件下における堤体やゲート設備を対象とした点検作業への適用を想定し，光学カメラや音響センサー等を搭載したROVについて検証が行われた．運動性能や姿勢制御性能，濁水環境下での高精細な画像取得性能などについて，優れた特長を有するロボットが複数確認された（写真2.5）．

「河川用」については，ボート型，陸上自走型ともに有望とされた．ボート型技術は，自律航行可能な無人ボートに高精度GNSS，光学カメラおよびスワス測深機（マルチビームソナー）を取付け，精度の高い水中の3次元地形データを広範囲に取得することができる．ただし，実際の現場での活用は流速の制約を受けることから，今後は現場条件に則した運動性能を高めることで，河床や構造物周辺の洗掘状況等の調査への適用が期待できるとされた．また，陸上自走型技術は，自走式運搬機に搭載した水中3Dスキャナーと地上部用3Dレーザースキャナを組合せて，濁りの影響を受けることなく水中構造物の形状を取得できることが確認された．

図2.9に示すように，「ダム用」，「河川用」において実用化レベルに達してきている技術は，実際の業務の一環での使用を通じて，その費用対効果も含め，現場適用性を検証すべく，試行的導入を進めることが可能であると評価された．

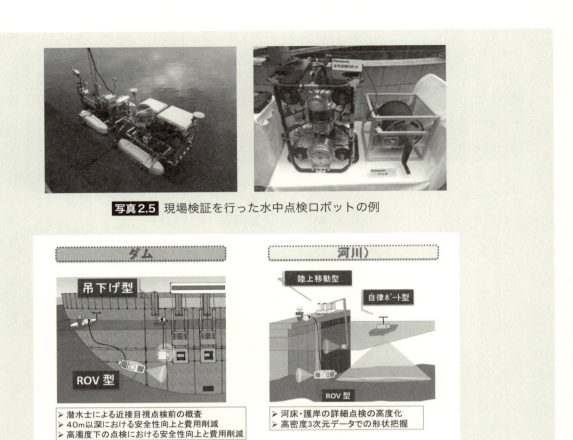

写真2.5 現場検証を行った水中点検ロボットの例

図2.9 水中点検ロボットの利用場面

④ 災害調査ロボット[13]

　災害調査用ロボットの現場検証においては，ロボットの利用が期待される災害として，トンネルの崩落，火山の噴火，土砂崩落，天然ダム，土石流など危険で人が立ち入れない現場での調査を想定した検証が行われた（図2.10，写真2.6）．土砂崩落や火山災害においては，「地形の変化等を把握するための高精細な画像・映像や地形データ等の取得」や「土砂等の状況を判断するための土砂や火山灰等の含水比や透水性，密度・内部摩擦角・粘着力，貫入抵抗，火山灰の堆積深等の計測」，トンネル崩落においては，「崩落状態および規模を把握するための高精細な画像・映像等の取得」を対象に利用の可能性について検証が行われた．

　現場検証には，二年間で延べ100技術の応募があり，例えば，レーザースキャナを搭載したUAVや，火山灰などのサンプリングが可能なUAVが提案された．また，貫入試験装置を搭載して地盤支持力を調査するロボットや崩壊したトンネル内を調査するロボットも提案された（図2.11，図2.12）．

図2.10 災害調査用ロボット・応急復旧用ロボットの利用イメージ

写真2.6 地震で崩落したトンネル

図2.11 提案された様々な災害調査ロボット（UAV）

図2.12 提案された様々な災害調査ロボット

土砂災害の調査技術についての現場検証は、大規模な土砂崩落が発生した実際の現場で行われた。検証には図2.13に示すように異なる3段階の条件を設けた。例えば、フェーズ2は、1km離れたところを起点に1,000m×500mの範囲に対してUAVを遠隔操作で飛行しその調査能力が検証された。

トンネル崩落災害を想定した現場検証では、約700mの長さのトンネルを、無人調査ロボットが映像をライブ中継により調査能力を検証した。前述の写真2.6は、実際に地震で崩落した約20トンのコンクリート塊の状況である。地震発生後にも余震が続くため、人がトンネル内に入ることが危険な場合には、人の代わりにロボットで調査を行うニーズがある。

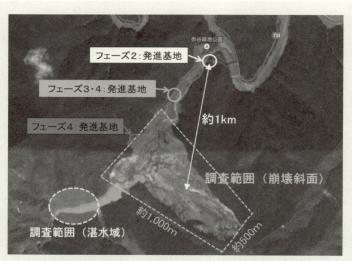

国土交通省 紀伊山地砂防事務所 赤谷地区（奈良県五條市大塔町）
図2.13 大規模土砂崩落現場の検証フィールドのレイアウト

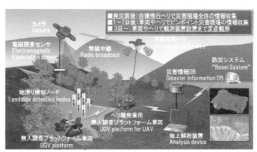

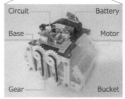

図2.14 提案された様々な災害調査ロボット（高機能UAV）

　現場検証においては，土砂崩落災害，火山災害，トンネル災害のいずれにおいても，実際の災害時に活用を推薦できるとされた技術が複数確認された．

　土砂崩落災害および火山災害に関しては，無人航空機（ドローン）に「カメラ」や新たに「3Dレーザースキャナ」を搭載したロボット技術の検証がなされ，設定した発信基地から約1.5km遠方の状況把握，被災状況の迅速かつ正確な把握を行い得ることが確認された．また，火山災害においては，より厳しい条件下での約2km遠方の状況把握，火山灰のサンプリングが可能であることも確認された（**図2.14**）．

　トンネル災害に対しては，クローラ型の調査ロボットを，有線・無線，通信中継によって遠隔操作・情報取得するものであった．一部の技術について，障害物を踏破し，調査延長700mの距離を往復し，被災状況の把握が可能であることが実証された（**図2.15**）．

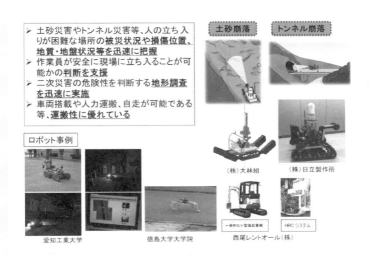

図2.15 提案された様々な災害調査ロボット（クローラ型）

⑤　災害応急復旧ロボット[14]

応急復旧用ロボットの現場検証においては，土砂崩落または火山災害における［1］掘削，押土，盛土，土砂や資機材の運搬等，［2］排水作業の応急対応，［3］遠隔または自律制御のためのかかわる情報の伝達技術の利用可能性を検証した．

掘削等を行うロボットとしては，汎用重機の運転席にロボットを取り付け，このロボットを遠隔で操作することにより重機作業を行う技術が3タイプあった．これらの駆動方式が「油圧・空圧・メカニカル」と異なるため運搬性や作業性等についてそれぞれ特徴を有しており，また，林業用アタッチメントが装備可能な技術もあることが確認された．遠隔制御型の建設機械は，台数が少ないため，災害時の調達に時間がかかるが，これらのロボットは，通常の建設機械に搭載することで遠隔操作を実現することができ，その有用性を高めるために短時間で装着できるよう様々な工夫がされている．また，自律走行による締固め技術や排水作業の応急対応技術も，十分な実用性が確認された（**図2.16**, **図2.17**）．

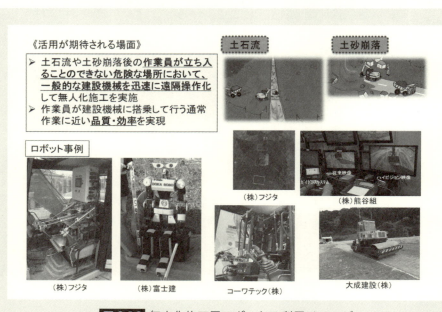

図2.16 無人化施工用ロボットの利用イメージ

図2.17 応急復旧用ロボットの現場検証の様子

情報伝達技術として，情報の低遅延・低容量化技術は，低容量で鮮明な画像により，オペレータの疲労感の軽減や無線資源の有効活用の可能性が示された．また，俯瞰映像を生成する技術は，発災直後の危険な狭隘な環境下において，固定カメラや移動カメラを使用せず，遠隔で重機の進入が可能となる点は，災害時の緊急対応にとって有効な技術といえる．

2.2.2 試行的導入を通じたロボットの社会実装方法の提案

現場検証で実用性が高いと評価されたロボットについては，より大きな効果が期待できるものから順に，現場適用性および効果を検証するための試行的導入を行っていくことになる．これまで橋梁点検ではこれまで人による近接目視を原則としていたため，ロボットの利用には点検ルールの変更が必要になる．試行的導入では，実務経験を有する点検業者により，実際の点検業務と同等の環境条件下においてロボットを用いた点検を試行し，別途施設管理者が実施した点検成果と比較することにより，品質・効率・省人化の観点から実用性の検証を行っていく．試行的導入において示されたロボットの機能や効果を踏まえた上で，ロボットの活用を行っていく手順については，ガイドライン，カタログ，マニュアル等で提案されている[6),7),15),16)]．

2.2.3 SIP（戦略的イノベーション創造プログラム）との連携

SIPは，2014年度より科学技術イノベーションを実現するため創設された府省・分野横断型のプログラムであり，予算が重点配分されている．課題ごとにPD（プログラムディレクター）を選定し，基礎研究から出口（実用化・事業化）までを見据え，規制・制度改革や特区制度の活用等も視野に入れて推進される．

開発プログラムの一つである「インフラ維持管理・更新・マネジメント技術（PD藤野陽三横浜国立大学先端科学高等研究院上席特別教授）」では，世界最先端のICRT等，システム化されたインフラマネジメント技術を活用し，国内重要インフラの高い維持管理水準での維持，魅力ある継続的な維持管理市場の創造等を目標とし，点検・モニタリング・診断技術の研究開発，ロボット技術の研究開発など，新しい技術を現場で使える形で展開し，予防保全による維持管理水準の向上を低コストで実現させることを目指した（図2.18，図2.19）[17),18)]．

5つの研究開発項目
(1) 点検・モニタリング・診断技術
(2) 構造材料・劣化機構・補修・補強技術
(3) 情報・通信技術
(4) **ロボット技術**
(5) アセットマネジメント技術

図2.18 SIP（戦略的イノベーション創造プログラム）の概要

図2.19 SIPで開発されたロボット技術の例

2.3 公共土木工事での先駆的導入

2.3.1 建設業の労働生産性

　図2.20に労働生産性の対英比較を示す．日本生産性本部の報告によれば，2022年度の日本の就業者1人あたり労働生産性は833万円であり，OECD加盟38カ国中31位である．同じく3位の米国1,568万円と比べて約53%の水準にある[22]．

　建設産業の時間あたり労働生産性を比較すると，2017年度で対米比8割程度，対独比9.5割程度、2016年度で対英比7割程度である[23]．これらの要因には，日本の現場では施工管理に手間と時間を要する作業が多いからとも考えられる．かつて日本経済は，我慢の経済と言われ低い生産性を長い労働時間でカバーしていると揶揄された．深刻な技能者・技術者不足が危惧される今こそ，情報化投資を促すことで，手戻りや無駄な手間，時間外労働を減らすとともに，付加価値利益の確保を適正分配に結びつけることにより，就労者の所得向上に繋げていく必要がある．

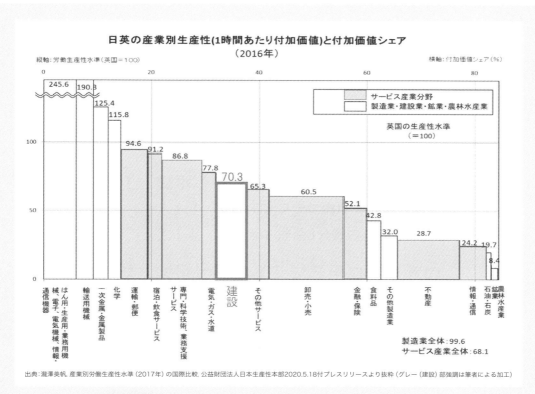

図2.20 産業別労働生産水準（対英比）と付加価値シェア

2.3.2 ICT施工の黎明期

　国交省では，「情報化施工推進会議」（委員長　建山和由　立命館大学教授）を設置し，第1期（2007-2012年度），第2期（2013-2017年度）の「情報化施工推進戦略」を定め，国交省の直轄事業における3次元データを活用した機械施工の自動化技術（Machine Control（MC）／Machine Guidance（MG））を普及促進するために，施工管理要領や監督・検査要領の整備，入札契約・工事評点でのインセンティブ付与，人材育成を実施した．この結果，2014年度にはこれらの技術の土工（路盤工含む）における活用率が約13％にまで伸びた（**図2.21**）．

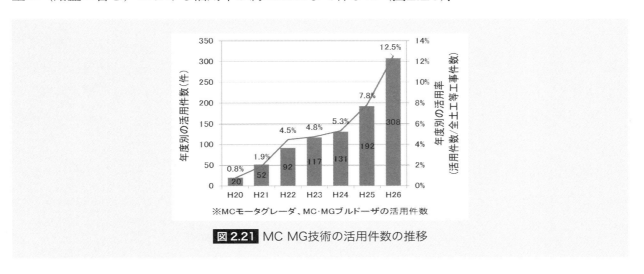

図2.21 MC MG技術の活用件数の推移

2.3.3 i-Constructionの始動

2016年1月国土交通大臣が2016年を「生産性革命元年」と位置付け，公共工事における調査・測量から設計，施工，検査，維持管理・更新までのすべての建設生産プロセスでICT等を活用する「i-Construction」を推進し，建設現場の生産性を2025年までに20％向上させる目標を掲げた．

有識者が参画したi-Construction委員会の審議おいて，建設現場の生産性革命を進めるための視点，当面取り組む3つのトップランナー施策（①ICT技術の全面的な活用，②規格の標準化，③施工時期の平準化）が示された．特に，建設現場での全面的なICT活用では，小型無人航空機（UAV）の普及や，高性能3次元計測技術，データ処理技術などを取り込み，それまでの情報化施工では3次元データの利用がMC/MG建機と出来形TSへの適用に止まっていた状況をさらに進めて，測量から設計，施工，検査までのプロセス全体に適用し一貫したデータ活用による生産性向上を目指すこととされた（図2.22）．

図2.22 i-Constructionによる建設現場でのICT活用イメージICT土工)

(1) ICT施工に対応した基準類の整備

2016年度より国土交通省の直轄事業については，大規模土工は，原則としてICT土工を全面適用することとした．このため，現在の紙図面を前提とした基準類を変更し，3次元データによる公共測量マニュアル，発注仕様および監督・検査基準など，新たに15基準を2016年4月に策定した（図2.23）．これら基準の導入により，ドローンによる3次元測量とICT建機による施工や，ICT施工の過程で得られた3次元データを用いた監督検査などが可能となるなど，3次元データを前提とした業務プロセスに対応による施工現場の生産性向上が図られた．2022年には，点群を利用した土工からBIMの利用も考慮した構造物施工へ適用を拡大した（図2.24）[19]．

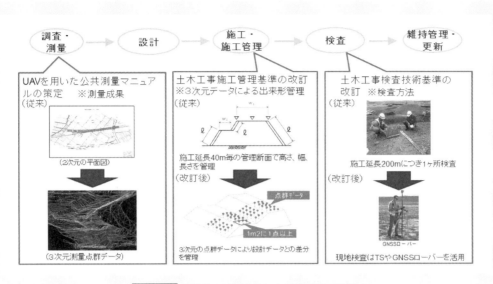

図 2.23 ICT施工に対応した基準類の整備

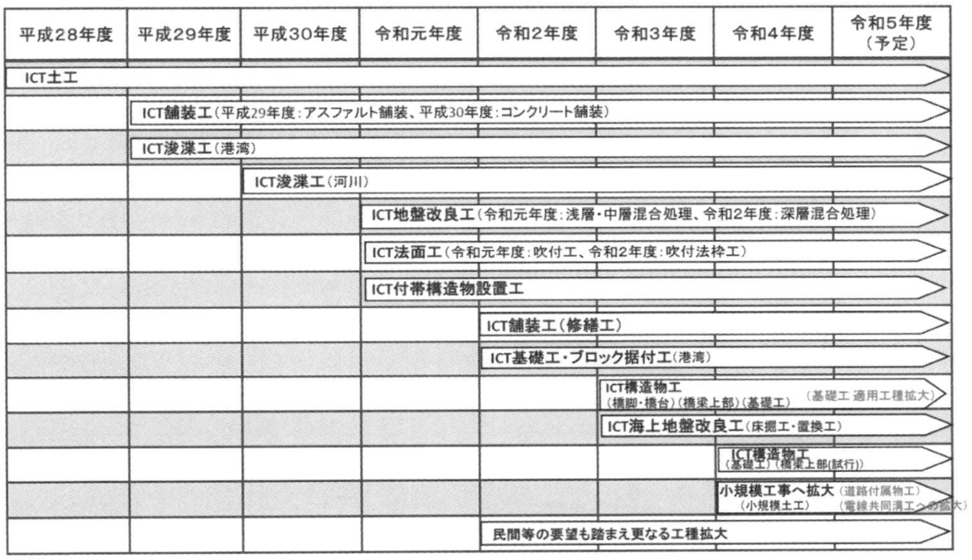

図 2.24 技術基準の整備によるICT適用工種の拡大

(2) ICT土工に対応できる技術者・技能者の育成

ICT土工に対応できる技術者・技能者を拡大するため，民間の協力を得ながら全国の技術事務所等の約30箇所程度の研修施設を活用し講習を開催している[20]．

現状のICT施工では，目的や用途に応じ施工者自らが3次元データを作成する必要がある（**図2.25**）．MC/MG用の3次元データについても，施工者が2次元の設計図をもとにゼロから作成しており負担感が大きい．今後は，データの多目的利用を前提に3次元データを受発注者が共有し，例えば，施工計画に必要な設計情報や測量成果（現況地形や基準点情報），土質情報，周辺工事の状況（搬入搬出先の地形等）など，全工程で点群情報レベルの情報利活用を実現することで業務改善が大きく進む効果が期待できる．

図2.25 点群やBIMを活用した3次元構造物の施工管理イメージ

(3) 革新的技術の導入に向けた取り組み

　建設施工の生産性や安全性を高めるため，近未来を見据えて建設機械の自動化・自律化，人間機能の拡張，AI開発支援，ICT施工にかかわる人材育成などに取り組んでいる[21]．

　現在は，建設現場での技能労働者の身体的負担を軽減するパワーアシストスーツの現場検証を行っている（**図2.26**）．また，日本が誇る無人化施工技術は，先進的な建設会社によって発展し，自動化や自律化技術の開発が行われている（**図2.27**）．今後は，建設機械メーカだけでなく多業種からの参画を可能とするオープンプラットフォームの提案が土木研究所や国交省により進められている．

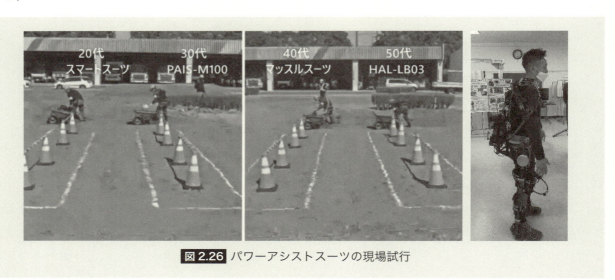

図2.26 パワーアシストスーツの現場試行

図2.27 建設施工の自律化に向けたステップ

2.4 おわりに

　インフラ整備は，国，地方自治体，インフラ会社が発注する工事により進められる．一般的に，民間工事に比べて工事のための基準やマニュアルが整備されており，それらに基づき発注が行われるため，ICTやロボットなどの先進的な技術を導入し難い分野といえる．一方で，深刻な人手不足，激化する自然災害，劣化するインフラ構造物など，建設を取り巻く諸課題に対応するには，先進的技術の導入は不可欠といえ，その道筋を作ることは，これからのインフラ整備にとってきわめて重要な施策といえる．この意味から，日々進化する技術を取り込みながら，政府の取り組みも常にステップアップすることが必要といえる．前述のi-Constructionも技術の進化と社会情勢の変化を受けて，i-Construction2.0に更新された．詳しくは，第8章で紹介する．

〈参考文献〉
1) 日本経済再生本部：ロボット新戦略，Japan's Robot Strategy ―ビジョン・戦略・アクションプラン―，2015年，https://www.kantei.go.jp/jp/singi/robot/pdf/senryaku.pdf（2024年10月3日 閲覧）
2) 内閣府ホームページ：ロボット新戦略．―ビジョン・戦略・アクションプラン―，2015年，https://www8.cao.go.jp/cstp/tyousakai/juyoukadai/wg_ict/8kai/siryo1-1.pdf（2024年10月3日 閲覧）
3) 国土交通省：「次世代社会インフラ用ロボット開発・導入重点分野」の策定，記者発表，https://www.mlit.go.jp/report/press/sogo15_hh_000104.html（2024年10月3日 閲覧）
4) 国土交通省ホームページ：次世代社会インフラ用ロボット開発・導入検討会，2013年，https://www.mlit.go.jp/tec/constplan/sosei_constplan_fr_000022.html（2024年10月3日 閲覧）
5) 新田恭士；次世代インフラ用ロボット現場検証の取り組みについて，日本ロボット学会誌34巻8号，pp.492-496，2016年10月

6) 国土交通省；新技術利用のガイドライン（案），2019年，
http://www.mlit.go.jp/road/sisaku/yobohozen/tenken/yobo5_1.pdf（2024年10月3日 閲覧）

7) 国土交通省；点検支援技術性能カタログ（案）2024年版，
https://www.mlit.go.jp/road/sisaku/inspection-support/（2024年10月3日 閲覧）

8) 国土交通省：次世代社会インフラ用ロボット（維持管理・災害対応）について「現場検証・評価の結果」記者発，2016年3月，
http://www.mlit.go.jp/common/001125337.pdf（2024年10月3日 閲覧）

9) 国土交通省 次世代社会インフラ用ロボット現場検証委員会 橋梁維持管理部会；橋梁維持管理技術の現場検証・評価の結果，2016年3月，
http://www.mlit.go.jp/common/001125338.pdf（2024年10月3日 閲覧）

10) 藤野陽三；次世代社会インフラ用ロボット開発・導入の推進，日本ロボット学会誌，34巻9号，pp.572-574，2016年11月

11) 国土交通省 次世代社会インフラ用ロボット現場検証委員会 トンネル維持管理部会：トンネル維持管理技術の現場検証・評価の結果，2016年3月，
https://www.mlit.go.jp/common/001125339.pdf（2024年10月3日 閲覧）

12) 国土交通省 次世代社会インフラ用ロボット現場検証委員会 水中維持管理部会：水中維持技術の現場検証・評価の結果，2016年3月，
https://www.mlit.go.jp/common/001125339.pdf（2024年10月3日 閲覧）

13) 国土交通省 次世代社会インフラ用ロボット現場検証委員会 災害調査部会：災害調査技術の現場検証・評価の結果，2016年3月，
https://www.mlit.go.jp/common/001125342.pdf（2024年10月3日 閲覧）

14) 国土交通省 次世代社会インフラ用ロボット現場検証委員会 応急復旧部会：災害応急復旧の現場検証・評価の結果，2016年3月，
https://www.mlit.go.jp/common/001083773.pdf（2024年10月3日 閲覧）

15) 国土交通省；点検支援技術（画像計測技術）を用いた3次元成果品納品マニュアル（橋梁編）（案），2019年3月，
http://www.mlit.go.jp/common/001284069.pdf（2024年10月3日 閲覧）

16) 土木研究所：「橋梁3次元モデルの構築（検証事例）」～UAV撮影からオルソモザイク画像作成まで～，2021年3月，
https://www.pwri.go.jp/jpn/results/offer/3jigenmodel/3jigenmodel.pdf（2024年10月3日 閲覧）

17) SIPインフラ維持管理・更新・マネジメント技術；インフラ技術総覧，2019年1月

18) SIPインフラ維持管理・更新・マネジメント技術SIPインフラ地域実装支援チーム；SIPインフラ新技術地域実装活動報告書，2019年1月

19) 国土交通省：要領関係等（ICTの全目的な活用），
https://www.mlit.go.jp/tec/constplan/sosei_constplan_tk_000051.html（2024年10月3日）

20) 国土交通省；ICT導入協議会，
https://www.mlit.go.jp/tec/constplan/sosei_constplan_tk_000052.html（2024年10月3日 閲覧）

21) 国土交通省 大臣官房参事官（イノベーション）グループ施工企画室；建設機械施工の自動化・遠隔化技術，
https://www.mlit.go.jp/tec/constplan/sosei_constplan_tk_000049.html（2024年10月3日 閲覧）

22) 公益財団法人日本生産性本部；労働生産性の国際比較2023報告書全文，
https://www.jpc-net.jp/research/assets/pdf/report2023.pdf（2024年10月3日 閲覧）

23) 財団法人日本生産性本部；生産性レポートVol.13「産業別労働生産性水準の国際比較～米国及び欧州各国との比較～」及び概要，
https://www.jpc-net.jp/research/assets/pdf/2ef0b2ceb5970f08ad2a754f47e5bae3.pdf（2024年10月3日 閲覧）

第3章 土木施工用建設ロボットにおける研究開発の現状と課題

3.1 土木施工における建設ロボットの研究開発状況

3.2 各レベルにおける技術的要求

3.3 各レベルの研究開発を促進するための課題と解決策案

第3章 土木施工用建設ロボットにおける研究開発の現状と課題

　本章では，道路，ダム，トンネルなどを整備する土木施工において，建設機械やシステムが自分自身で検知・判断を行い，施工の一部あるいは全体を人間の手を借りずに行うことのできる建設ロボットに関し，現在の国内および海外における研究開発状況，今後それら建設ロボットが発展・普及するための課題点，さらにそれら課題点に対する解決方法案について紹介する．

◆ 3.1 土木施工における建設ロボットの研究開発状況

　自動化技術の現状を述べるためには，自動車のような自動運転レベル[1]があると便利である．しかし，現状建設業界全体に浸透している建設機械の自動運転レベルは未だ存在しない．ここでは，土木施工における建設ロボット技術の開発レベルとして，1)「レベル1：単一建機の部分自動化」，2)「レベル2：単一建機の全体自動化」，3)「レベル3：複数機械による施工の自動化」の3段階を設定し，国内外における現在の研究開発状況を述べるものとする．

1) レベル1：単一建機の部分自動化

　ここで説明する「単一建設機械の自動化」とは，オペレータが行う建設機械の操作の一部分をシステムが代行する技術のことである．基本的にオペレータは搭乗し操作を行うものであり，イメージ的には自動車のオートクルーズ機能に似ているものである．
　本技術としては，マシンコントロールと呼ばれる建設機械動作の一部分を自動化する技術が代表的なものである．通常，土木施工の中で地盤を整地（設計通りに形を整えること）する際，オペレータは設計通り正確に設置された丁張と呼ばれる木杭を目視で確認して施工を行うが，これは非常に難しい作業であり熟練を要するものである（図3.1）．

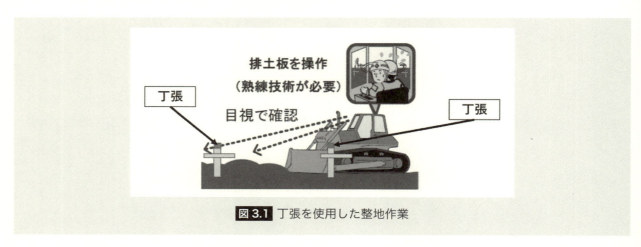

図3.1 丁張を使用した整地作業

　マシンコントロールは，GNSSなどにより機体の位置を推定し，3D化して入力された設計データに基づいて建設機械の作業器（ブルドーザ，モータグレーダのブレードや油圧ショベルのバケットなど）を自動的に制御するものである[2]（図3.2）．

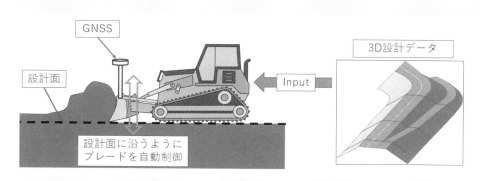

図3.2 マシンコントロールを使用した整地作業

マシンコントロールを活用することによりオペレータは建設機械の他の作業（走行など）に集中することができ，オペレータの負担軽減と生産性向上に効果がある．特に非熟練オペレータを熟練オペレータ並みの生産性に向上させるのに非常に有効であることが判明している[3]．

マシンコントロールは，国内外の測量機器メーカ（トプコン（日），トリンブル（米），ライカ（欧）など）や建設機械メーカ（CAT（米）コマツ（日）日立建機（日）など）から様々な機種向けが日本はじめ世界中で一般的に販売されており，現在施工現場で多数使用されている[4]〜[7]．

2）レベル2：単一建機の全体自動化

ここで説明する「単一建機の全体自動化」とは，単一建設機械の一連の捜査（例えば油圧ショベルならば，掘削・旋回・放土など）すべてを自動化する技術のことである．基本的にオペレータは搭乗しない．

日本企業・大学等における単一建機全体自動化の研究は，2006年頃にホイールローダを用いた研究が筑波大学[8]で，また2009年に油圧ショベルを用いたものが土木研究所で行われている[9]（**図3.3**）．これらの研究を皮切りに，近年では油圧ショベル，ローラ，運搬機などを用いた研究開発が各建機メーカ，ゼネコンで行われている[10]〜[11]他，ロボット系スタートアップ企業も数多く研究を行っている[12]〜[13]（**図3.4**）．また，ダム現場におけるクレーン自動運転の研究開発もゼネコンにて行われている[14]〜[15]．

図3.3 自動運転デモ（土木研究所2009年）

図3.4 自動運転デモ（DeepX社 2024年）[13]

海外企業・大学等においては，大学[16]〜[18]（**図3.5**），測量機器メーカ[19]，ロボット系スタートアップ企業[20]〜[21]，建機メーカ[22]などにて各種建設機械を用いた研究が活発に行われている．

図3.5 自動運転デモ（フィンランド オウル大学 2022年）[16]

　しかしながら，上記例は研究所や試験施工現場，展示会などでの実証実験が多く，実際の施工現場への導入・普及には至っていない．

　なお，本章での対象工種ではないが，鉱山におけるダンプトラックの自動運転技術は，2008年頃から盛んに行われており，現在CAT，コマツ，日立建機などの大手建設機械メーカからシステムとして販売され，普及している[23)〜25)]．これは，運搬機だけの自動化でも投資対効果が得られやすいことや，運転環境が長期間（数十年）変化しないこと，現場への人の立ち入りを制限することが比較的容易なこと など鉱山特有の条件があるためと思われる．

3）レベル3：複数機械による施工の自動化

　ここで説明する「複数機械による施工の自動化」とは，2）で開発された全体自動化された建設機械を複数台，複数種類用い，一連の施工を自動化することである．本レベルの試みは，大手ゼネコンなどで行われており[26)〜28)]，特に鹿島建設では，複数台のダンプトラック，ブルドーザ，振動ローラを用い，実施工現場におけるダム堤体打設を自動化にて行っている．実際の現場にて施工全体を自動化した例は海外でも例がなく，自動化技術として執筆時点では最先端のものである（詳細は第4章を参照）．

◆ 3.2 各レベルにおける技術的要求

　ここでは，前節で述べた各技術レベルにおいて，研究開発を行うために必要な技術，および考慮しなくてはならない事項をまとめる．

1）レベル1：単一建機の部分自動化，およびレベル2：単一建機の全体自動化の研究開発に必要な技術

　レベル1，2の研究開発に必要な技術は，「自己位置推定」「環境認識と地図生成」「動作計画」「無線通信」「制御」などである（**図3.6**）．これらは，ロボット工学，特に移動ロボット（身近な例だと，掃除ロボットやレストランの配膳ロボットなど）に要求される技術と同様であり[29)]，それら先行研究を活用すれば，建設ロボットのレベル1，2を実現することは可能である．

図3.6 レベル1，2の建設ロボットに必要な技術

しかしながら，よりスムーズで高効率な作業が可能な建設ロボットを開発するためには，下記に挙げる建設ロボット特有の問題を考慮する必要がある．

① **走行場所が不整地である場合が多い．**

工事現場はいうまでもなく不整地が大部分であり，地盤の強度など多種多様な条件が存在する．そのため，建設ロボットにはこれら地盤状況を把握するとともに，それに応じた走行性能や作業時の車体安定性を具備することが必要である．本問題に関しては，不整地移動ロボットという領域が提案されており，今後の研究が期待される[30]．

② **アクチュエータの特性が電動ロボットと異なる**

建設機械で使用されているアクチュエータは油圧が大部分である一方，これまでのロボット工学で使用されているアクチュエータは電動モータが大部分である．油圧アクチュエータは電動モータとは特性が異なり，特に入力から起動までの反応速度の大きさや，油圧源を共有しているアクチュエータを複合動作させた場合の油量干渉などは電動モータにない大きな特徴である．本問題については，反応速度の影響を減少するための研究など[31]，今後もさらなる研究が必要である．

③ **周辺環境の不確実性が大きい**

建設現場の周辺環境は①で述べたように多種多様であるだけではなく，予測が困難な不確実性が大きい．例えば地盤掘削した場合に土中から予想していない土質や埋設物が出現することも現場では多々発生している．人間のオペレータが搭乗して操作を行う場合は，このような予想されない事態への対処は彼らの経験や勘によって問題なく行なわれているが，一般的にロボットは予想可能な範囲内での作業を得意としており，建設現場のように日々環境が変化する上に不可実性が大きい現場は不得手である．

人間オペレータの経験や勘を自動運転に反映させることが解決方法の一つであるが，経験や勘は暗黙知であるため可視化することが難しく，また膨大な環境変化や不確実な事項に対するオペレータの経験や勘をすべてリストアップしまとめることは非現実的であり，未だできていない．

前述の鉱山でのダンプトラックの事例などは，現場を鉱山に限定し，環境変化や不確実性を減少させることで現場への導入を実現している．限定しない現場へ適用するためにはさらなる研究

が必要である．

2) レベル3：複数機械による施工の自動化の研究開発に必要な技術

レベル3の研究開発に必要な技術は，1)で述べた技術に加え，自動化された建設機械にタスク指示を行う技術が必要である．タスク指示とは，発注者からの施工計画を日々の施工まで分解し，それをもとに各建設機械のタスク（具体的な作業内容と，作業する上で考慮するべき事項．図3.7に例を示す）を作成し指示することである．

またこのタスク指示は，様々な現場条件（機械の種類・台数，作業員のスキル・人数，周辺環境）を考慮して行われる必要があり，またその現場条件の変化や不確実性にも柔軟に対応することが求められる．

図3.7 現場監督から各建設機械へのタスク指示概略

現現状では，現場監督などが彼らの経験と勘に基づいて人間のオペレータにタスク指示を行っている．しかし，現在の自動化された建設機械は人間のオペレータに比べできることや指示の理解度は大幅に劣るため，人間のオペレータにタスク指示をしている現場監督などが，そのまま自動化された建設機械にタスク指示を行うことは困難である．

自動化された建設機械にタスク指示を行うためには，現場監督などが経験と勘で行っていることを可視化し，施工計画からタスクを作成する手法や，その際考慮すべき現場条件，現場条件の変化や予測していない不確実性への対応方法など，様々な要素をシステマチックにまとめた上で，自動化された建設機械の特性を踏まえた効率的な指示方法を確立すること（以下「タスク指示の体系化」と呼ぶ）が必要である．しかし前述の③と同様に，経験や勘は暗黙知であるため可視化することは難しく，また膨大な現場条件や不確実な事項をすべて体系化することは非現実的であり，未だできていない．前述の大手ゼネコンにおける自動施工事例では，環境をダムなどに限定し現場条件や不確実性を減少させることで現場への導入を実現している．適用できる現場を拡大するためにはさらなる研究が必要である．

3.3 各レベルの研究開発を促進するための課題と解決策案

これまで述べたように，各レベルの自動化技術においては，未だ一般的に普及しているとはいえず，そのためにはさらなる研究開発の促進が必要である．そこで研究開発を促進させるための課題をヒアリング等で調査したところ，5点の課題が挙げられることが判明した．ここではこれら課題の内容とその解決案を述べる．

1）課題1：研究開発における協調領域の明確化

民間企業等で新技術の研究開発を行う場合，同様の研究開発を行っている企業等と協調すべき領域と競争すべき領域を定め，協調すべき領域は皆で協力することで，研究開発を効率的に行うことが可能であることが言われており[32]，建設ロボットの研究開発においても協調領域を設定し効率化をはかることが求められている[33]．しかしながら現在の建設ロボット研究開発現場では，施工会社と建設機械メーカなどがチームを組み，機材の調達・改造から制御プログラム作成，施工現場での試験まですべてチーム内で行なっているため，他の研究チームなどとの情報共有などはあまり行われず，各チームでの研究や失敗の重複，他の現場でチームを再編した時に成果の再利用不可という状況が発生している（**図3.8**）．建設ロボットの研究開発を効率的に行うためには，各企業等が協力できる協調領域を明確に設定し，効率的な研究開発環境を構築することが必要である．

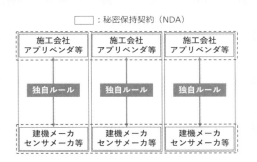

図3.8 現在の一般的な研究開発体制[34]

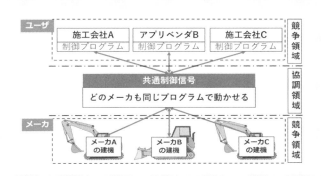

図3.9 協調領域としての共通制御信号[34]

本課題の解決策の一つとして土木研究所では，建設機械のメーカや種類が異なっても同様の制御プログラムで制御可能なように，建設機械と制御プログラム間のインターフェースを統一したものを協調領域として設定することを試みている（**図3.9**）．これが実現すれば，施工会社などのユーザ側は建設機械の改造などを毎回行う必要がなく，制御プログラムなどの開発に注力できることになり，研究の重複が防止できる．また，異なる現場や異なるメーカ・機種でも以前の開発成果の再利用が容易となる．一方建設機械メーカ側も，ユーザ側との役割分担を明確化することが可能となり，本来の建設機械の開発に注力できることになる．土木研究所では，この協調領域（インターフェース）を「共通制御信号」と呼び，国内建設機械メーカ数社と業界全体の共通ルールとすべく2023年に協議を開始している．今後標準化も視野に入れた検討を行っていく計画である．

また，東京大学永谷教授を中心とした研究開発プログラム「SIP スマートインフラ サブ課題A 革新的な建設生産プロセスの構築」では，上記土木研究所の「共通制御信号」以外の部分にも協調

領域を設定するべく検討を行っている．詳細は8章を参照されたい．

2) 課題2：異業種参入が容易な研究開発環境の整備

自動車自動運転などの研究開発事例を参考にすると，ロボット技術を土木施工に一般的に普及するためには，これまでの建設業界のプレイヤーだけではなく，ロボット，制御，ソフトウェア，システム，などの異業種や大学などの研究機関の新規参入と，それら新旧の研究開発者たちの相互連携が有効であると思われる．しかしながら新規参入候補の企業等にヒアリングを行った結果，下記のような障壁が存在していることが判明した．

- 建設機械が高価で購入できない
- 建設機械を自前で改造することが難しい
- 広いフィールドを持っていない
- これまでの研究成果が公開されていないことが多く，参入計画が立て難い

これらの障壁を払拭し，異業種参入が容易かつ研究内容の相互連携が可能な研究開発環境の整備が，ロボット技術を土木施工に一般的に普及させるためには必要である．

本課題の解決策の一つとして，土木研究所では「自律施工技術基盤（OPERA）」の整備を行っている．これは土木研究所が理想的な研究開発環境の一例として，土研内に整備をしているものである．OPERAとは，Open Platform for Earthwork with Robotics and Autonomyの頭文字を取ったもので，**図3.10**に示すように，①自動運転対応型に改造した建設機械とフィールドからなるハードウェア，②ハードウェアを仮想空間上に再現したシミュレータ，③アプリケーションとハードウェア・シミュレータを繋ぐミドルウェアと，共通制御信号，④基本的なアプリケーションにて構成されている研究開発用プラットフォームである．特徴として1）で述べた協調領域（共通制御信号）を含んでいることと，上記①～④の構成要素と研究開発に必要な技術情報，および公開されている研究成果などに，誰でも簡単にアクセスできるようにしていることが挙げられる．このOPERAを活用することで，上記障壁が払拭され，自動施工に関連する研究を誰でも容易に開始することが可能となると考えている（**図3.11**）．

図3.10 自律施工技術基盤（OPERA）概要 [35]

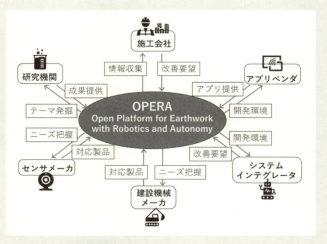

図3.11 OPERA 活用イメージ [35]

OPERAは，土木施工で広く行われている掘削・積込み・運搬・敷均し・締固めの一連の施工作業をターゲットとして2021年度に整備を開始し，現在も整備を進めているものである．整備と並行して，様々な研究開発者による活用もすでに開始している．実績として，複数の大学がOPERAを活用して研究を行っている他，土木研究所が公募した「自律施工技術基盤OPERAを活用した機械土工の生産性向上に関する共同研究」を9団体（全13者）と2022年9月より開始している．OPERAの詳細については文献[34],[35]を参照されたい．

3) 課題3：熟練オペレータ操作技術の可視化

3.1節で紹介した企業・大学等による研究成果では，ある特定の土質などの条件における熟練オペレータの動作を再現することで，自動運転を行っている場合が多い．しかしながら，それでは多種多様な土質や予測されない事態（硬い地盤や岩が土中に存在した，など）に対応することはできない．3.2節1)③で述べたように，それら予測されない事態等に対応している熟練オペレータによる建設機械操作の経験や勘を，建設ロボットへの動作指令に反映させていくことが，自動施工を広く導入させるには有効であり，そのためには，それら経験や勘を可視化することが必要である．

本課題の解決策には主に2通りある．一つは熟練オペレータの操作をデータ化し，その時々の地盤・周辺環境とともにデータベース化することである．昨今のICTの発達により，施工中の建設機械から様々なデータが収集可能となってきており[6]，今後これらのデータをすべて収集し，オペレータの操作，機体の状況，周辺環境等から熟練オペレータの様々な経験や勘が可視化されることを期待したい．土木研究所ではその一環として，油圧ショベルの掘削時データから地盤の種類や性状を推定する技術の研究を民間企業と共同で行っている[36],[37]．将来的には，本成果による油圧ショベル掘削時の地盤性状とオペレータ操作がデータベース化され，予測されない地盤が発生した時の熟練オペレータの対処方法などが明らかになるよう研究していきたい．

もう一つの解決策は，シミュレータを活用することで様々な事態に対応可能な動作を生成する手法である．本手法はAIなどと親和性が高く，例えば人間が思いつかないような操作方法なども生成されると期待できる．しかし，現状土砂などの材料を正確にシミュレータ内に再現することは難しく，様々な土質や不確実性までの再現できる精度の高いシミュレータの開発には至っていない．建設機械シミュレータの高度化へ向けて現在も様々な研究が行われているが[38],[39]，今後のさらなる研究を期待したい．

4) 課題4：タスク指示の体系化

3.2節2)で述べたように，複数の自動建設機械を用いて一連の自動施工を実現するためには，「タスク指示の体系化」が必要である．

本課題の解決策の一つとして，東京大学永谷教授を中心とした研究開発プログラム「SIP スマートインフラ サブ課題A 革新的な建設生産プロセスの構築」では，上記タスク指示の体系化を試みている．詳細は第8章を参照されたい．

5) 課題5：現場導入のための役割分担の明確化

現在の土木施工現場は，一般的に図3.12に示すような重層下請構造となっており，発注者，下請，建設機械メーカなどの役割が明確化されている．ここに，建設ロボットを導入しようとした場合，導入する施工の選択，他施工との連携，建設ロボットおよび自動施工に対応した施工管理・労務管

理，建設ロボット等の調達と管理，制御プログラム等の開発など，これまでの業務には無い新たに実施しなくてはならない多数の業務が発生すると考えられる．そのため，建設ロボットを導入して自動施工を行うには，**図3.12**の建設機械を自動運転型に置き換えるだけでは，それぞれのプレイヤーがなにをどこまで行えばよいかが分からず，このままでは実現は困難である．

3.1節で述べた大手ゼネコンにおけるレベル3の自動施工事例では，大手ゼネコン自身がこれら新しい業務をすべて負担して行うことで自動施工を実現している．しかし，建設ロボットを用いた自動施工を，ダムだけではなく土木施工現場に広く導入していくためには，これら新しい多数の業務について，業界全体で誰がなにをどこまでやるのかについての役割分担を早急に検討する必要がある．

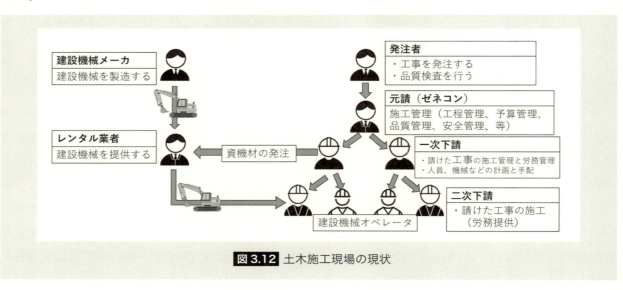

図3.12 土木施工現場の現状

本課題の解決策の一つとして，産業用ロボット業界における「ロボットシステムインテグレータ（SIer）」[40]のような役割を持ったプレイヤーを，土木施工業界にも「建設ロボットSIer」として新たに誕生させることが考えられる．具体的には，ロボット技術導入の提案，施工管理の補助，機材調達の補助，制御プログラムの作成，などを行うものであり，これまでの施工や建設機械に関する知識だけではなく，ロボット技術に関する知識も必要なプレイヤーである（**図3.13**）．この建設ロボットSIerはこれまでの各プレイヤー企業の中から現れることも考えられるが，前述のようにこれまでの土木施工業界は役割分担が明確化されていたこともあり，上記のようなオールマイティー的な知識を持つ業者や技術者は少ない．また，異業種から建設ロボットSIerとして参入することも考えられるが，かれらには土木施工のノウハウが不足していると考えられる．今後これら業者の協力や，ビジネスモデルの確立，人材育成などを行うことが必要である．

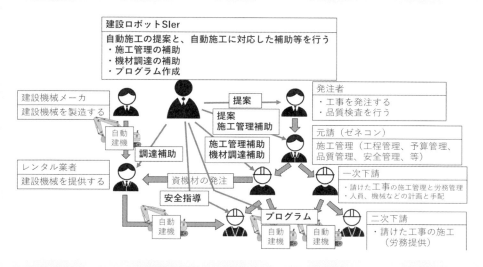

図3.13 建設ロボットSierの提案

〈参考文献〉

1) JASOテクニカルペーパ：自動車用運転自動化システムのレベル分類および定義, JASO TP 18004, 2018.
2) トプコン：マシンコントロール,
   https://www.topconpositioning.asia/jp/ja/products/products/machine-control/（2024年5月30日 閲覧）
3) 橋本毅, 梶田洋規, 藤野健一：MC技術が施工品質とオペレータへ与える影響について, 第17回建設ロボットシンポジウム論文集（CD-ROM), O3-1, 2017.
4) サイテックジャパン：ICT土工,
   https://www.sitech-japan.com/stj/solution/ict_civil/index.html,（2024年5月30日 閲覧）
5) キャタピラー：ICT施工・運転支援技術, https://www.catonlineexpo.com/ict/（2024年5月30日 閲覧）
6) コマツ：ICT建機, https://kcsj.komatsu/ict/smartconstruction/lineup（2024年5月30日 閲覧）
7) 日立建機：ICT施工ソリューション,
   https://www.hitachicm.com/global/ja/solutions/solution-linkage/ict-construction/（2024年5月30日 閲覧）
8) S. Sarata, N. Koyachi, T. Tubouchi, H. Osumi, M. Kurisu, K. Sugawara : Development of Autonomous System for Loading Operation by Wheel Loader, ISARC2006, pp466-471, 2006.
9) H. Yamamoto, M. Moteki, H. Shao, T. Ootuki, H. Kanazawa, Y. Tanaka : Basic Technology toward Autonomous Hydraulic Excavator, ISARC2009, pp288-295, 2009.
10) 酒井重工業：自律走行式ローラ,
    https://www.sakainet.co.jp/products/ict_nxt_tech/autonomous.html（2024年5月30日 閲覧）
11) 熊谷組：AI制御による不整地運搬車（クローラキャリア）の自動走行技術の開発,
    https://www.kumagaigumi.co.jp/news/2019/pr_20190404_1.html（2024年5月30日 閲覧）
12) ARAV：自動運転, https://arav.jp/solution/autonomous_vehicle/（2024年5月30日 閲覧）
13) DeepX：オープンイノベーションによる油圧ショベル自動施工デモの開催,
    https://www.deepx.co.jp/ja/info/auto_excavator_demo_opera/（2024年5月30日 閲覧）
14) 大林組：クレーン自動運転,
    https://www.obayashi.co.jp/news/detail/news20221005_2.html,（2024年5月30日 閲覧）
15) 西松建設：ケーブルクレーン自動運転システム,
    https://www.nishimatsu.co.jp/solution/engineering/00066.html（2024年5月30日 閲覧）

16) University of Oulu : University of Oulu is researching autonomous infra construction machinery swarm, https://www.oulu.fi/en/news/university-oulu-researching-autonomous-infra-construction-machinery-swarm（2024年5月30日 閲覧）
17) HEAP : Project by ETH Zurich, https://rsl.ethz.ch/robots-media/heap.html（2024年5月30日 閲覧）
18) Tampere University : Automation Technology and Mechanical Engineering, https://www.tuni.fi/en/about-us/automation-technology-and-mechanical-engineering（2024年5月30日 閲覧）
19) Trimble : Earthworks Grade Control Platform - Horizontal Steering Control, https://autonomy.trimble.com/en/resources/homepage/trimble-earthworks-grade-control-platform-horizontal-steering-control（2024年5月30日 閲覧）
20) Built Robotics : https://www.builtrobotics.com/（2024年5月30日 閲覧）
21) SafeAI : https://www.safeai.ai/ja/（2024年5月30日 閲覧）
22) BOMAG : BOMAG future study - fully autonomous tandem roller, https://www.bomag.com/ww-en/press/news-videos/future-study-fully-autonomous-tandem-roller/（2024年5月30日 閲覧）
23) Cat® MineStar™ : Command For Hauling, https://www.cat.com/en_US/by-industry/mining/surface-mining/surface-technology/command/command-hauling.html,（2024年5月30日 閲覧）
24) コマツ：無人ダンプ運行システム, https://www.komatsu.jp/ja/newsroom/2024/20240314,（2024年5月30日 閲覧）
25) 日立建機：ダンプトラック自律走行システム, https://www.hitachicm.com/global/ja/solutions/solution-linkage/ahs/（2024年5月30日 閲覧）
26) 鹿島建設：クワッドアクセル, https://www.kajima.co.jp/tech/c_ict/automation/index.html#!body_01（2024年5月30日 閲覧）
27) 大成建設：T-iCraft, https://www.taisei.co.jp/about_us/wn/2021/210209_5072.html（2024年5月30日 閲覧）
28) 大林組：大林組とNEC，バックホウ自律運転システムの適用範囲と工種を拡大, https://www.obayashi.co.jp/news/detail/news20221120_1.html（2024年5月30日 閲覧）
29) 日本ロボット学会：ロボット工学ハンドブック（第3版），コロナ社，2023.
30) 永谷圭司編著：不整地移動ロボティクス，コロナ社，2023.
31) 遠藤大輔，山内元貴，橋本毅：遠隔操作型油圧ショベルの自動化へ向けた制御手法の開発，令和3年度建設施工と建設機械シンポジウム，pp173-178, 2011.
32) 一般社団法人日本建設業連合会：協調領域WG報告会, https://www.nikkenren.com/doboku/seisansei/article.html?token=20221118190130BCNqByNHzvAmUAhqnfhnkoCjnGLyLLLQ（2024年5月30日 閲覧）
33) 一般社団法人日本建設業連合会：土木工事技術委員会土木情報技術部会情報利用技術専門部会, 建設業のためのロボットに関する調査, 2020.
34) Genki Yamauchi, Endo Daisuke, Hirotaka Suzuki, Takeshi Hashimoto : Proposal of an Open Platform for Autonomous Construction Machinery Development, ISARC2023, pp186-191, 2023.
35) 橋本 毅：自律施工技術基盤（土研OPERA）の整備状況について，建設マネジメント技術，vol.544, pp16-20, 2023.
36) 島津泰彦, 関塚良太, 小岩井一茂, 遠藤大輔, 橋本毅, 山口崇：砂質土における油圧ショベルのバケットに作用する掘削抵抗と地盤挙動に関する実験的検討, 第44回テラメカニックス研究会, 2023.
37) 森澤直樹, 今西将也, 柳下正紀, 千葉貞一郎, 山元弘, 橋本毅, 遠藤大輔：油圧ショベルの車体センサデータを用いた掘削土の土質判別, 令和5年度 建設施工と建設機械シンポジウム論文集, pp.25-30, 2023.
38) 松島亘志, 室山拓生, 木川田一弥：ブルドーザによる土砂敷き均し高速シミュレータの開発, 土木学会論文集, vol79, No.3, C-610, 2023.
39) 遠藤大輔, 松坂要佐, 山内元貴, 橋本毅：自動建設ロボット開発のためのオープンソース型物理シミュレータの研究, 令和5年度 建設施工と建設機械シンポジウム論文集, pp.169-174, 2023.
40) （一社）日本ロボットシステムインテグレータ協会：https://www.farobotsier.com/（2024年5月30日 閲覧） https://www.mlit.go.jp/common/001125339.pdf（2024年10月3日 閲覧）

第4章 自律型建設ロボットの実装と宇宙開発での利用

4.1 A^{4}CSELの開発コンセプト

4.2 A^{4}CSELの技術概要
    4.2.1 自動振動ローラによる転圧作業
    4.2.2 自動ブルドーザによるまき出し作業
    4.2.3 自動ダンプトラックによる運搬・荷下し作業
    4.2.4 自動化施工マネジメントシステム

4.3 現場適用状況
    4.3.1 ロックフィルダムのコア部盛り立てへの適用
    4.3.2 CSGダム本体工事への適用
    4.3.3 災害復旧工事での適用

4.4 「現場の工場化」に向けて

4.5 A^{4}CSELの月面有人探査拠点建設への応用検討
    4.5.1 研究開発の全体像
    4.5.2 主な研究開発の内容
    4.5.3 自動化建設機械による拠点建設実験
    4.5.4 実工事を利用した遠隔施工システムの実証
    4.5.5 地上の施工システムへの展開として

4.6 本章のまとめ

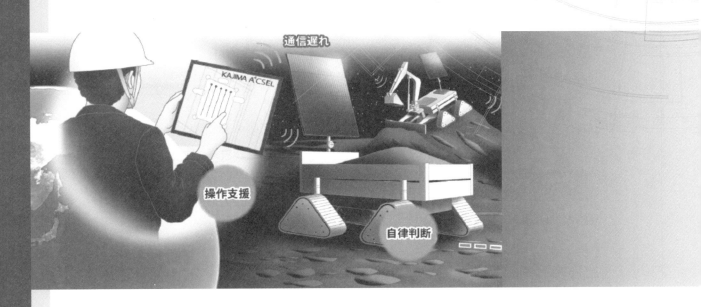

第4章 自律型建設ロボットの実装と宇宙開発での利用

　第1章で紹介したように建設分野におけるロボットの導入は，一般製造業に比べ大きく遅れていたが，近年，成長が著しいAIを活用して，不確定要因の多い建設現場の状況に柔軟に対応することのできる自律型建設ロボットがダム現場などで活用されるようになってきた．本章では，建設機械の自動運転と生産計画・管理の最適化を核とした次世代建設生産システムA^{4}CSEL®（クワッドアクセル：Automated/Autonomous/Advanced/Accelerated Construction system for Safety, Efficiency and Liability）の概要とともに，これまでの現場適用事例として宇宙開発への応用となる月面有人探査拠点の建設に関する研究開発を紹介する．

「A^{4}CSEL」は鹿島建設株式会社の登録商標です．

4.1　A^{4}CSELの開発コンセプト

　製造業では，1980年代から作業ミスの削減，作業効率，人間に対する安全性の向上を図ることを目的として，作業の自動化が進められてきた．工場では産業用ロボットを多用して，従来人間によって行われていた作業を自動で行う．もちろん，人手でなければできない作業は残るが，生産プロセスを制御して人が介在する必要性を低減させ——すなわち，少数の人員でミスなく安全に多くの生産を行うことに成功している．生産における類似課題を解決してきた製造業の生産システムの仕組みを建設に取り入れられないかと開発を開始したA^{4}CSELの最終目標は，「現場の工場化」である．施工機械の自動化を進めるとともに，作業手順，方法を分析して作業の標準化をはかる．そこから生まれる定型的な作業，繰り返し作業を自動化した機械によって行い，臨機応変な作業や，標準化が困難で熟練の技能が必須で自動化が困難な作業のみを人で行う．これによって省人化，生産性向上，安全性向上が図れ，将来にわたる社会資本の継続的供給，維持に貢献することを目指している[1]．

　これらの目的を達成するためのA^{4}CSELの開発コンセプトを図4.1に示す．人が作業データを送ると，自動化された建設機械が定型的な作業や繰り返し作業を自動で行うため，必要最小限の人員で多くの機械を同時に稼働させることが可能となる．これによって大幅な省人化が図れるとともに，標準化された作業手順，方法を確実に行うことによって生産性が向上し，安定した施工品質が期待できる．また，建設機械に搭乗する必要はなく，作業フィールド内に人が立ち入ることもないため，仮に機械関連の事故が起ったとしても，死亡災害等の労働災害は発生せず，作業者の安全性は確保される．

図4.1 A^{4}CSELの開発コンセプト

このようにA⁴CSELには，建設工事における諸問題に対し大きなメリットがあり，従来の機械化施工，遠隔施工とは異なる，これまでに全く無い新しい建設生産システムの構築を目指すものである．

A⁴CSELの内容は次項から順次述べていくが，大きな特徴としては，専用の自動機械ではなく汎用機械をベースに自律型自動建設機械に改造していること，別途計測した熟練者の実操作データを基本としつつ，AI手法なども導入して自動建設機械の制御を行い自動運転させることなどが挙げられる．それに加えて，機械に対する作業指示に関しては現場状況に応じて決定しなければならないことも多いため，経験豊富な人間の判断が必要となるものの，多数の機械が効率的に作業を行うための作業データや，工程の作成には最適化手法等のいわゆる生産管理技術の導入も進めている．

単一作業に特化した自動化ではなく，製造業における産業用ロボットやCNC（Computerized Numerical Control）加工機のように多様な作業が可能な自動化機械を開発する．そして，それらに適切な制御信号を与えることによって思い通りに自在に動作する機械システムを構築し，生産工学に基づいて立案された生産計画によって効率的に活用することによって建設作業の自動化率を上げる．その結果，真に熟練の技が必要なものだけを人が担当し，それ以外は自動機械が分担する新しい建設生産システムが実現する．それが，A⁴CSELが目指す「現場の工場化」に繋がると考えている．

4.2 A⁴CSELの技術概要

本項ではA⁴CSELを構成する技術についてその概要を述べる．
A⁴CSELを構成する技術分野は，以下の4つにまとめられる．
① 汎用建設機械に計測、制御装置を設置し自動運転機能を有した機械に改造する技術
② 熟練オペレータの運転・操作データを定量化，基準化する技術
③ 基準化された運転データをもとに作業条件，状況に適合させ自律的に自動化建設機械を制御する計測・自動制御技術
④ 自動化機械を効率的，効果的に運用するための施工マネジメント技術

これまでに土木工事における土工作業の自動化を目指し，自動化建設機械をどのように動作させるか（作業の最適化）と，複数の自動化機械をどう連携して効率的に稼働させるか（計画の最適化）を追求するため，上記4つの視点から技術開発を進めている。土工は，道路盛り土や河川堤防など土を使って構造物を構築する工種の総称で，地山の掘削⇒掘削土の運搬機への積み込み⇒運搬⇒まき出し⇒締固めの工程で工事を行う．A⁴CSELの技術開発ではこれまでのところ，運搬⇒まき出し⇒締固めの工程の自律作業化を目指し，振動ローラ，ブルドーザ，ダンプトラックの3種類の建設機械の自動化とそれらによって行う作業の自動化を進め，実工事に順次適用している状況である．

4.2.1 自動振動ローラによる転圧作業

締固めは，土がより密になるように圧縮し，強度，剛性，遮水生性などの力学特性を改善する作業で，一般にまき出した土の上を振動ローラなどの重量のある機械を走らせて載荷することにより行われる．ローラと呼ばれる鋼製ドラムを回転させながら締め固めるため，転圧作業とも呼ばれる．大規模な土工現場では，締固め性能が高いことから鋼製ドラムに振動力を与えて締め固める振動ローラが用

いられる．転圧作業では均一な地盤を作成するために，所定の厚さにまき出された土の上を振動ローラが所定の回数，むら無く走行することが求められる．A^{4}CSELではその自律運転技術を開発した．

(1) 開発の概要

汎用の振動ローラに後述する計測機器や後付自動化装置を用いて自動化改造し，PCで指示した施工範囲を自動で振動ローラが転圧作業を行うシステムを開発した．以下にその概要を記す．

1) 自動化装置

図4.2に自動化装置を設置した振動ローラ（酒井重工製SD451，運転質量：11トン，全長：4.1m，全幅：2.3m，高さ：3.0m）を示す．以下に設置した各種装置について説明する．

① 後付け自動化装置

汎用の振動ローラを自動化するために後付自動化装置を設置した．既設のハンドルにモータ駆動の操舵用装置を設置し，これによって操舵を制御できるようにした．また，前・後進の切換えや起振の入り切りは既設の電子回路にスイッチング回路を接続して制御する方法を採用した（**図4.2左**）．

② 計測センサ

振動ローラに各種センサを搭載した（**図4.2右**）．主なものを以下に記す．
- 車体位置計測：RTK-GPS
- 車体方位計測：GPS方位計
- 車体の傾き（ピッチ（Pitch），ロール（Roll），ヨー（Yaw））計測：ジャイロ
- アーティキュレート角（前輪ローラとキャビンの相対角）

図4.2 自動振動ローラの概要

(2) オペレータの操作計測

1) 操作計測の目的

自動転圧システムの開発にあたって，熟練オペレータが行っている転圧作業での操作量とそれによって操作される振動ローラの軌跡を計測・分析し，自動化に必要となる機能や制御手法の検討を行った．

2) 計測システムの概要

転圧作業計測で用いる振動ローラ（SV510DV・酒井重工業製）を**図4.3**に示す．計測データをオペレータの操作量，および機体状態量の2つのグループに分け，それぞれの計測システムについて概説する．

a. オペレータの作業時操作

振動ローラのオペレータが転圧作業中に主として操作しているのは，①ステアリング角（方向指

令），②前後進レバー位置（速度指令）の2つである（**図4.4**）．これらの操作量を計測するために**図4.5**，**図4.6**のようにセンサを配置し，ステアリング角およびレバー位置は，それぞれ回転式エンコーダワイヤと繰出し型リニアエンコーダで計測する．

図4.3 10t振動ローラ

図4.4 ステアリングと前後進レバー

図4.5 操舵角度計測

図4.6 レバー位置計測

b. 機体状態量

オペレータの操作に対する機体の状態変化を計測する．状態量としては，位置（XY）と高さ（Z），姿勢（ロール，ピッチ，ヨー）とし（**図4.7**），機械の位置と高さはRTK－GPSで，機械の姿勢はジャイロセンサで計測した．

図4.7 機体姿勢計測

3）計測実験概要

フィルダムのコア材により全長40m×幅12mの試験ヤードを整備し，以下の条件で計測走行を実施した（**図4.8**，**図4.9**）．

① 4レーン×3往復（6回転圧）分を計測．
② 1レーン目はポールを目標に直線走行し，以後のレーンは隣のレーンを基準に一定のラップ幅

（200mm）をとるように走行．
③　熟練オペレータ（作業従事者）と非熟練者（初心者）の各1名ずつの重機操作を計測し，熟練度による操作の違いを比較．

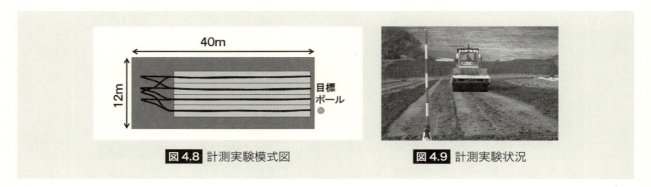

図4.8　計測実験模式図　　　　　　　図4.9　計測実験状況

4）計測データの解析

　各オペレータの転圧軌跡を図4.10に示す．熟練オペレータ（図4.10左）では転圧回数に関わらず同じ軌跡を描いていることが分かる．一方，非熟練者（図4.10右）の場合は毎回の軌道がばらついていることが分かる．

　図4.11は両者に顕著な差があった例として，切返し時のステアリング操作を示す．熟練オペレータは大きく1回切り返すだけで隣接レーンへの方向を定めているのに対して，非熟練者は2回のステアリング操作で調整しているが，2回目の操作終了時でも方向が定まっていない．

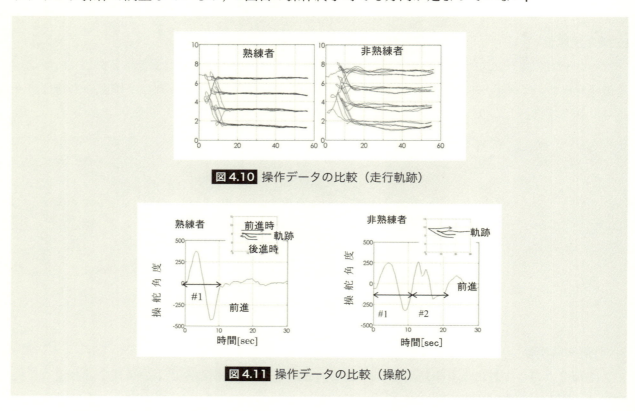

図4.10　操作データの比較（走行軌跡）

図4.11　操作データの比較（操舵）

　この違いが走行精度に差が生じる主要因の一つであると考えられ，このデータとオペレータへのヒアリングによって，次項で示す軌道追従制御法の開発を行った．

(3) 走行制御アルゴリズム―経路追従制御

振動ローラの転圧作業は、「与えられた領域」を「所定の走行回数で前後に往復」しながら、盛立て材料やダムコンクリートを均等に締め固めるものである。ダムの施工では転圧レーンのラップ幅が200〜300mmとされており、±100〜±150mm程度の走行制御精度が必要となる。このため、A^4CSELでは、±100mm以内の走行制御精度を有する振動ローラ自動転圧システムを開発目標として、施工精度に重要な走行制御法を開発している。その概要を示す。

自動車とは異なり、振動ローラはアーティキュレート機構で動作している。また現実の走行では地面と鉄輪との摩擦やすべりを生じており、それらを走行モデルに反映するのは難しいため、ここでは**図4.12左**に示す簡易な車両モデルを用いて制御アルゴリズムを検討している。以下では転圧作業時の走行パターンを直進走行での転圧作業と、隣接レーンへの切返し走行の2つに分けて説明する。

a. 直進転圧走行

Kanayama[2]らの方法などを参考に、数m先の予測位置・姿勢での予測走行誤差を用いてステアリングを制御する。**図4.12**の現在位置での現在走行誤差を用いて制御した場合、図では目標線より進行方向に対して右に位置することから、ステアリングが進行方向に対して左に切られてしまい大きく行き過ぎてしまう。一方、予測位置での走行誤差を用いれば、目標線より左に位置するため、ステアリングは右に切られ目標線に追従していく方法を採用している。

熟練オペレータも遠方の轍を目標にし、直線性を保持していることから、本制御手法はオペレータの感覚にも合致した制御方法であり、一般性の高い手法といえる。

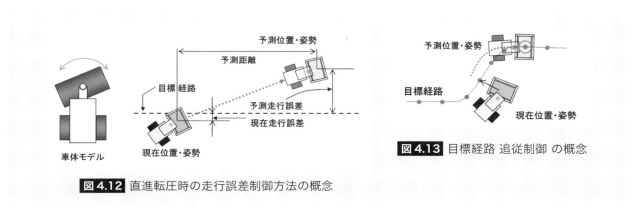

図4.12 直進転圧時の走行誤差制御方法の概念

図4.13 目標経路 追従制御 の概念

b. 切返し走行

オペレータの操作計測結果の考察に基づいて切返し目標軌道を作成した。前進方向で切返す場合は、前進時にステアリングを一往復させて隣接レーン位置に移動する目標軌道を**図4.12**の車両モデルから作成する。このときの追従制御における予測位置は次のように決めている（**図4.13**）。まず、目標軌道を一定距離の離散の点群として表現しておく。現在位置から最も近い目標点を求め、その目標点から前方にある距離にある目標点を予測位置とする（**図4.13**では3ステップ先）。現在位置と予測位置から誤差を計算し、ステアリング角度を求める。上記手法による追従制御性能をシミュレーションによって確認している。建設機械が有人で走行した軌跡をもとに離散の点群で構成される目標経路を作成して（**図4.14**）、シミュレーションで追従制御法の性能を確認した（**図4.15**）。

点線が目標軌道で，実線が追従制御法による走行軌跡である．曲線部では実走行が目標経路より若干内側に切れ込んでいるが，精度良く追従できていることが分かる．

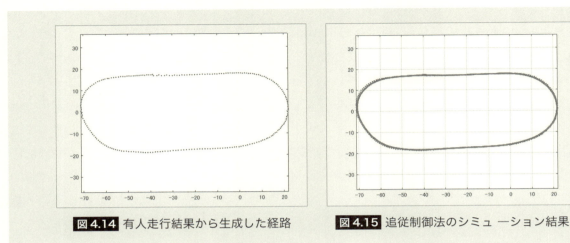

図4.14 有人走行結果から生成した経路　　図4.15 追従制御法のシミュレーション結果

(4) 現場適用状況

　自動振動ローラは，これまでにコンクリートダム（RCD），ロックフィルダムに適用している．
　転圧作業は，振動ローラを単純に走行させるだけのように思えるが，実際には設定経路に精度良く追従させるのは容易ではない．例えば，材料毎に変化する機械の動作特性に対応する必要がある．粘性材の場合は走行時の抵抗が大きく，操舵操作に対して車体の方向変更応答が悪くなる一方，岩材の場合は，操舵操作に即座に車体が反応し，曲がりやすく直線走行がしにくい状態になるため，材料毎に制御パラメータを変更する必要がある．これらへの対応については熟練オペレータによる転圧作業時の操作データをもとにした制御法などを構築し，現場導入とともに，材料特性の影響を受けない運転操作を実現している．コンクリートダムの均一材料への適用，ロックフィルダムにおける各種材料（コア材，フィルタ材，およびロック材）に対する転圧性能の検証を行っている（図4.16）．

RCDにおける転圧　　　　　ロック材の転圧　　　　　コア材の転圧

図4.16 現場での振動ローラの運用状況

　転圧時の機械の走行精度を尺度として，自動施工の品質評価を行った結果を記す．
　図4.17に転圧走行時の軌跡を示す．直進走行では直線y=0を目標として転圧し，レーンチェンジ走行では一点鎖線を目標軌道として走行後，直線y=0を目標として転圧を開始する．太い点線は直線y=0に対する±10cmの誤差領域を示しており，どちらの図からも転圧時の誤差が±10cm内に収まっていることが分かる．

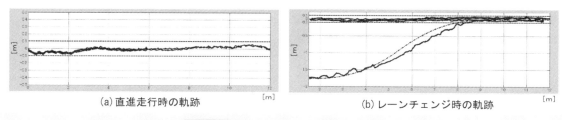

図4.17 自動振動ローラの作業精度

4.2.2 自動ブルドーザによるまき出し作業

振動ローラを使って土を転圧する際には，土を所定の厚さにまき出して，敷き均さなければならない．まき出された土の厚さが不均一だと振動ローラでの締固め効果にバラツキが出るため，ブルドーザの排土板の高さを制御して所定の厚さになるよう敷き均さなければならない．A^4CSELではその自律運転技術を開発した．

(1) 開発の概要

ブルドーザは振動ローラと異なり，掘削，押土，まき出し等，多くの作業に用いられるが，第一段階として，ダム工事，大規模土工事で作業量の多いまき出し作業を対象として，自動化を進めた．図4.18に示すコマツ製ブルドーザD61-PXi（機械質量:18.9トン全長:5.5m全幅:3.9m高さ:3.2m）に各種センサや自動化装置を後付けし，自動化した．

具体的な機能としては，事前に検討して設定したいくつかの作業パターンから作業条件に応じて決定される走行経路や排土板動作計画に追従するようにブルドーザの走行や排土板操作を自動制御し，土砂まき出し作業を全自動で行うことを目標とした．

(2) 自動化システム

1) 制御装置

車体の現状位置や方位，姿勢角などセンサから得られる情報と，目標とする位置や方位，排土板高さといったまき出し作業計画をもとに車体の制御信号を作成し，専用インターフェースを介してブルドーザ内部のコントーラと通信することにより車体の走行や操舵，排土板操作などの制御を行う．このためのコンピュータである制御PCからは，ブルドーザへ制御指令を送信すると同時にブルドーザの走行速度や各種レバー操作量，排土板操作量などの機体情報を取得することが可能であり，本システムにおける制御則の基本として活用する熟練オペレータの施工データの収集に用いている．

図4.18 自動化用ブルドーザ

図4.19 自動化システムの構成

2) 計測センサ

ブルドーザ車体制御に必要な以下の項目を計測するため各種センサを搭載する．

- 車体位置：RTK-GPS（水平精度±3cm）
- 車体方位：GPS方位計（方位精度0.3°）
- 車体姿勢（ロール，ピッチ）：ジャイロ（2°rms）

車体制御量の演算やブルコントローラとの通信は制御性能の向上のため100Hzで行っている．一方，RTK-GPSやGPS方位計からは10Hzで出力されるため，これらセンサからの出力をジャイロセンサからの加速度や角速度の値をもとに100Hzに補間して制御演算に利用している．**図4.19**に自動化システムの構成概要を示す．

(3) 自動ブルドーザの制御

自動ブルドーザの基本的機能は，作業内容に応じて事前に目標経路を設定し，自車位置と目標経路との誤差に応じて操舵量を演算し，目標経路へ追従するよう走行させることと，走行区間ごとに前後進速度や排土板操作量などを設定し，作業に合わせた複雑な動作を全自動で行うことである．

これを実現するために開発した制御システムのうち代表的なものを紹介する．

1) 経路追従アルゴリズム

振動ローラと同様に，ブルドーザ走行時の設定経路へ追従できるかが，施工品質を決める重要な性能である．このために開発した目標経路への追従の考え方を**図4.20**に示す．

経路追従アルゴリズムでは，ブルドーザの走行特性－機動性を考慮して，線分を基本単位とした折れ線状に目標経路を設定している．これに対して，各直線区間においては所定距離L_1だけ前方で目標経路に到達するように目標方位を定め，経路からの誤差dや目標方位からの誤差θをもとに操舵量を演算し目標経路に追従させる．線分が連続する場合は，現在走行する線分の終点から所定距離L_2手前にて次の線分に目標を切換えて走行制御を行う．これら制御手法により，急な方向転換により地表を荒らすことなくスムーズに目標経路に寄り付き，追従走行を実現している．

実機を用いた目標経路への追従精度評価実験の結果を**図4.21**に示す．目標経路から約40cm離れた位置から走行を開始後，速やかに目標線に寄り付き，以降は±10cm程度の誤差で追従できることが確認できた．

また，実作業における連続的な走行軌道を目標経路として追従精度評価を行った結果の一例を**図4.22**に示す．ここでも±10cm程度の誤差で追従できることを確認した．

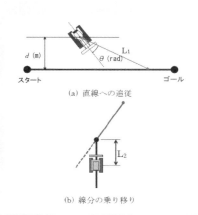

図4.20 経路追従アルゴリズム

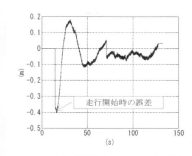

図4.21 経路追従性の検証

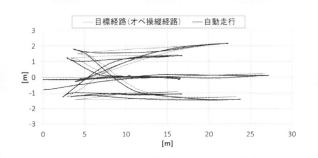

図4.22 実運転軌跡への追従性能

2) まき出し作業のデータ化，モデル化

振動ローラの開発と同様に，自動ブルドーザの開発にあたっては，熟練者の作業，すなわち「上手な運転」を自動ブルドーザで行わせるために何が必要かを知る必要がある．このため，複数の熟練オペレータに協力してもらい，ブルドーザまき出し作業の運転操作データ等を取得した．

図4.23は，55トンダンプトラック1台分の約24㎥の材料を，幅10mで厚さ30cmにまき出す作業を，コマツ製ICTブルドーザを用いて熟練オペレータが実施した時の状況を時系列的に示している．幅10mの箇所に白線を引いている．その結果として，熟練者は，約±5cmという非常に高い精度でまき出し作業を行うことが可能であることが分かった（**図4.24**）．

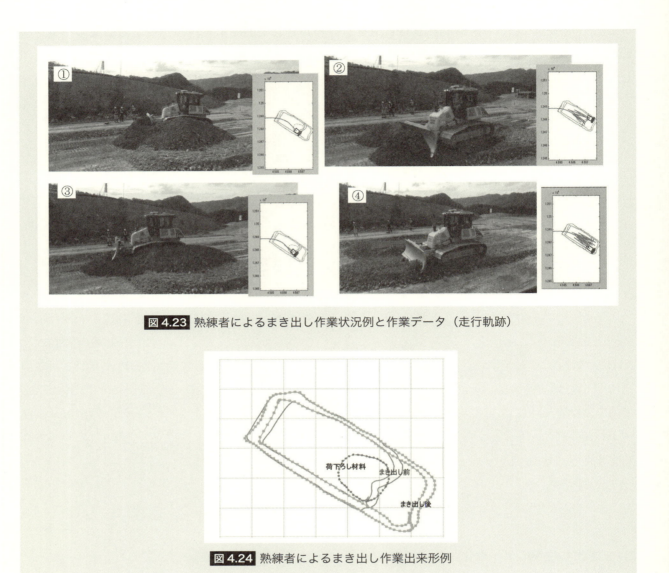

図4.23 熟練者によるまき出し作業状況例と作業データ（走行軌跡）

図4.24 熟練者によるまき出し作業出来形例

3) まき出しシミュレーション

前項で示した実験によって，熟練オペレータは，高い精度でまき出し作業ができることが分かった．しかし，実際には，同一条件を複数のオペレータで実施した場合，および同一人で施工状況を変えて実施した場合のまき出し作業時の運転方法（走行経路，排土板の使い方など）がオペレータによって，および作業状況によって大きく異なるという結果が得られた．

当然と言えば当然の結果であり，要するに，オペレータは個人個人の感性で，状況に応じて運転していたわけである．が，これも当然のことながら，これらの操作データの単純な平均化などでは，自動運転のための基準運転モデルを得ることはできない．ではどうするか？　最近の流儀で言えば，「熟練者の『教師データ』をたくさん集めてAIで解析すれば良い」ということになりそうである．が，実機と実材料を用いた実験をたくさん行うには，膨大な時間と費用がかかり，非常に効率が悪い．このため，我々は土砂の表現，崩落，回転および排土板との接触の計算で構成され，排土板の動きによる材料のまき出し形状を推定するコンピュータシミュレーションプログラムを開発して，コンピュータ上で実験を行うことにした．

a. 土砂の表現

これまでにコンピュータ上で土砂を表現する方法として，個別要素法（DEM）やセルオートマトン法に基づく手法を用いるものが多く研究されている[3]．DEMは計算負荷が高いことや実際には計量しにくい土の相互作用に関するパラメータが存在するため，本シミュレータではセルオートマトン法に基づくEnhanced Sand Pile Modelを用いる[4]．この土砂モデルでは式(1)のように平面方向（X,Y）を一定間隔のメッシュで分割し，それぞれのメッシュ内の土砂量を連続量$M(i, j)$として行列により表現する．

$$M(i,j)=h_{ij}\cdot d^2,$$
$$d\cdot(d-1)<x\leq d\cdot i,\quad d\cdot(j-1)<y\leq d\cdot j \qquad (4.1)$$

ここで，dはメッシュサイズでhは位置（i, j）での土砂の高さである．またメッシュサイズは精度や計算量に応じて決める．

b. 砂の崩落

前節で表現した量が土砂として振る舞うには崩落が生じるようにする必要がある．土質力学の知見から，安息角で与えられるすべり面よりも上に存在する土砂が前後左右に崩落し移動するよう計算を行った[5]．この土砂の移動は後述する排土板の接触による作用よりも速く生じると仮定して，本計算はブルドーザの移動の間に十数回程度行う．また，排土板との接触時には土砂は排土板から進行方向に力を受けるため，進行方向へより多くの崩落が生じるよう分配している．

c. まき出し方向の回転

後述する排土板と土砂の接触による相互作用はメッシュと同じ方向（X方向もしくはY方向）に生じることを前提として計算するため，本シミュレータでまき出し方向を角度θ分だけ回転する場合は，式(1)で表現される土砂を回転させることで擬似的に再現させる．土砂の回転は移流として考えることができるため，CIP法（Constrained Interpolation Profile Scheme）による移流計算で回転後の土砂量を求めている[6]．

d. 排土板と土砂の接触

排土板と土砂との力の釣り合いモデルを**図4.25**に示す．土砂が排土板と接触した際には排土板に押されて土砂が前方に移動する．排土板前方に存在する土砂は自重W，排土板からの力P，および土砂の内部で生じる垂直抗力とせん断抵抗力の合力Rを受ける．土質力学の知見からこれらの力はすべり面で拮抗すると考え，すべり面より上に存在する土砂が前方へ移動すると考えた．

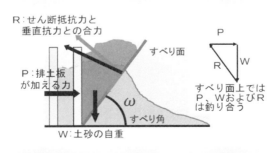

図4.25 排土板と土砂の接触モデル

e. シミュレータの性能確認

前項の理論に基づいて，コンピュータシミュレーションプログラムを開発し（**図4.26**），数多くのシミュレーションを実施するとともに，熟練オペレータの操作データから基準運転モデルを作成し，実証試験を行った．**図4.27**に既設マウンド上に荷下ろしされた約25m^{3}の材料を幅9m×長さ2.4mの矩形状（**図4.27(a)**破線範囲）にまき出す経路を作成し，メッシュサイズ0.2mによるシミュレーションを行った結果と，実機によるまき出し状況を**図4.27(b)**に示す．これから，シミュレーションでのまき出し形状と実機での作業結果はほぼ一致していることが確認された．

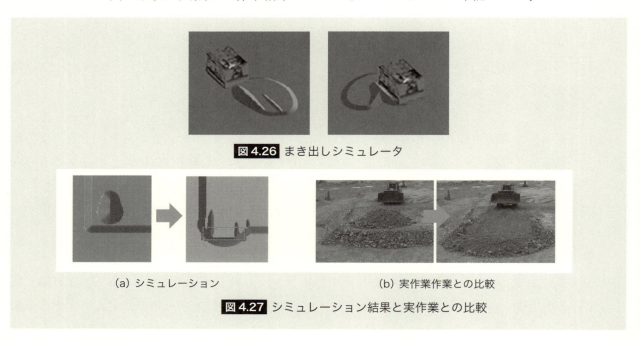

図4.26 まき出しシミュレータ

(a) シミュレーション　　　　　(b) 実作業作業との比較

図4.27 シミュレーション結果と実作業との比較

f. AIによる自動運転方法の検討

まき出しシミュレーション結果で実作業結果を表現できることが実証され，これをもとに熟練オペレータの操作との共通項を見出し，基準運転モデルを設定した．

それに加え，このシミュレーションをベースにAIの一手法であるGA（Genetic Algorithm：遺伝的アルゴリズム）を用いて，「より上手な」まき出し運転パターンの構築を試みている．ブルドーザの移動量（1m～2m）と移動方向（旋回量:±10°）を遺伝子として，まき出し形状予測シミュレータを用いて，ある体積の材料を所定の幅，長さの範囲内に一定の厚さでマウンドを作るための最適なブルドーザ走行軌跡を求めた．

図4.28はシミュレーションの結果で，左の図が基準運転モデルでシミュレートした場合のマウンドの形で，右の図が，GAを用いて約20,000回シミュレーションを回して探索した経路での出来形を示す．これを見ると最適化を図った結果，目標とした外周の四角形の中の材料充填率が向上していることが示されている．

この結果をもとに，作業条件毎に上記GAで求めた最適経路情報を含む作業データを自動ブルドーザに入力して，実規模で自動まき出し作業を実施した（**図4.29**）．**図4.23**で示した熟練オペレータによるまき出し作業と同様の条件でシミュレーションし，そこで得られた作業データを使用したまき出し作業結果を**図4.30**に示す．まき出し作業後の形状は，目標に対して±15cm程度であり，

自動ブルドーザによるまき出し作業は，熟練オペレータの作業結果に近い品質で行えることが確認できた．

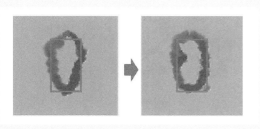

図4.28 GAによる最適化処理前後比較

図4.29 自動まき出し作業状況

図4.30 自動まき出し結果

図4.31 RCDコンクリート自動まき出し作業状況

(4) 現場適用状況

1) RCDダム堤体工事

RCDダム堤体工事において自動ブルドーザによるRCDコンクリートのまき出しおよび整形作業を実施した（**図4.31**）．

図4.32は自動まき出し・整形作業時のブルドーザの目標経路に対する実走行経路の差を示している．図では目標経路は点線，走行軌跡は実線である．図中網掛けで示した範囲はマウンド整形のために排土板の上下高さ，および左右角度を制御している状況時を示している．

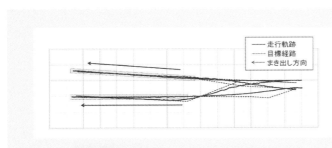

図4.32 RCDコンクリート自動まき出し作業時の経路追従結果例

図4.33 RCDコンクリート自動まき出し結果

これを見ると，マウンド整形以外の位置では目標と実走行の経路に差が生じている．これは不陸の大きな箇所を通過する際の機体傾斜などの影響と考えられる．しかし整形作業箇所ではほぼ±10cm

程度の誤差で追従させることができていることが分かる．その結果，**図4.33**に示すように矩形のマウンド整形を構築することができた．

2) ロックフィルダム堤体工事

ロックフィルダム堤体工事において，3種類の材料（コア材，フィルター材，ロック材）を対象に自動まき出しを行った．各材料はダムの部位に応じて異なるまき出し幅や厚さで施工され，これまでにコア材，フィルタ材，ロック材に対して走行経路を計画し，ダンプトラックと連携しながら連続して自動まき出しを行うことができた．3種類の材料の自動まき出し施工状況を**図4.34**に示す．

図4.34 ロックフィルダム堤体工事での自動まき出し施工状況

4.2.3 自動ダンプトラックによる運搬・荷下し作業

土工作業における材料の運搬は，通常，ダンプトラックと呼ばれる運搬機械で行われる．積み込み場所から所定のルートを通って土を運搬し，締固め作業を行うエリアで土を降ろす作業を迅速に行うことが求められる．A^4CSELではその自律運転技術を開発した．

(1) 開発の概要

前項までの振動ローラやブルドーザの自動化開発を行い，それぞれ自動転圧システムや自動まき出しシステムを実現した．さらに土砂を運搬・排出するためダンプトラックを自動化することで「土砂をダンピングし，まき出して転圧する」という重機土工一連の作業を自動化することができる．

そこで本項では，**図4.35**に示す汎用の55トン積級ダンプトラック（コマツ製HD465最大積載質量:55トン，全長:9.4m, 全幅:4.6m, 全高4.4m）をベースとして，振動ローラやブルドーザと同様に，各種センサや自動化装置を後付けした自動化システムの概要と，ロックフィルダム建設工事の堤体盛立て部工事における土砂運搬・荷卸し作業の状況について述べる．

図4.35 自動化用ダンプトラック

図4.36 自動化ダンプトラックの構成

(2) 自動化システム

1）計測・制御装置

車体位置，車体方位角および姿勢角については，これまでに開発した振動ローラやブルドーザと同じく，それぞれGPS，GPS方位計およびジャイロセンサを用いて計測している．図4.36に自動化システムの構成概要を示す．

上記以外のダンプトラックの車体情報（車速や操舵角等）は，車体にすでに設置されているセンサを用いて計測している．ダンプトラックへの制御指令値は，スロットル量，リターダ（ブレーキ）量，ステアリング速度やベッセル昇降速度であり，これらは制御コンピュータ上で計算され，各装置に送られる．

2）自動経路生成と制御手法

図4.37にダム工事におけるダンプトラックの作業を示す．図に示すように，ダンプトラックは①材料ヤードで材料を積込み，②ダム堤体まで運搬を行い，③堤体上のまき出し領域で荷卸しする．これらの作業手順を自動化するために必要となる共通の機能は，次の2つである．

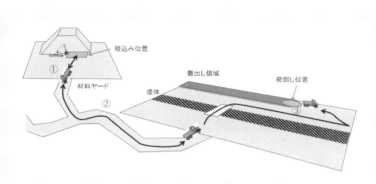

図4.37 想定されるダンプトラック作業

a. 走行可能領域，積込み・荷下ろし位置の情報から走行経路を自動で生成する[6]機能，および他の機械など障害物を検知する機能

b. 自動生成された走行経路に対して，走行路の勾配や不陸があっても精度よく追従できる走行制御機能[7]

これらに対して，まず，ダンプトラックの「走行」，「停止」，「曲がる」，「荷下ろし作業」の自動化を実現したうえでロックフィルダム堤体でのコア材荷下ろし作業をターゲットに上記2つの機能を搭載した．

a.に対しての経路生成手法を実際の運用広さに対応できるよう改良して，自動荷下ろし走行経路を作成した．

b.については振動ローラの経路追従法をダンプトラックにも適用できるよう修正し，走行制御プログラムに実装した．本走行制御では，ダンプトラックの後輪車軸中央が与えられた目標経路に追従するよう設定している．

3）ロックフィルダムでの導入試験結果

自動ダンプトラックによるダム堤体での運搬，荷下ろし作業へ適用するため，指定された位置ま

で運搬し，コア材を荷下ろす（ダンピング）作業の精度を検証した．自動生成された走行経路を**図4.38**の破線に示す．このときの走行軌跡は**図4.38**の実線で，ほぼ目標とする走行経路との誤差がなく追従できていることが示された．一部に誤差が大きくなっている個所も見られるが，**図4.38**はあくまでも平面的な軌跡を表しており，平坦で滑らかな走路がほとんどない施工エリアでの自動走行としては非常に高い精度を有していると評価している．

自動ダンプトラックによる作業の現場適用性を実証するため作業ロックフィルダムの堤体コア材盛立部において，自動ダンプトラックと自動ブルドーザを連動させ，運搬／荷下ろし／まき出し／整形という一連の作業の自動化試験を行い，十分な実用性を確認した（**図4.39**）．

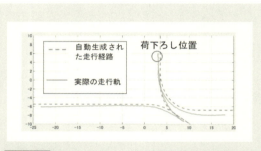

図4.38 運搬・荷下し時の生成経路と走行結果

図4.39 自動ダンプと自動ブルドーザによる連携作業

4.2.4　自動化施工マネジメントシステム

前項までに述べたような振動ローラやブルドーザ，ダンプトラックの自動化システムを開発して，建設工事への一定の適用性を確認してきた．しかし，ダンプトラック，ブルドーザ，振動ローラを使用して本格的にフィルダム堤体の盛立作業を対象として自動化施工を実施することを考えると，正確な作業指示データを迅速に作成して，多数の自動化機械に対して送ることが必須となる．このため，実際に自動化施工を行うためには，自動化機械の管制を中心とした自動化施工の計画・管理の仕組みが必要となる．

本項では，自動化作業計画データの作成から自動化建設機械への指示，連携運転の監視から管制等を行うシステムについて概要を述べる．

指示データはその場その場で臨機応変に作成するものではなく，例えば，一日の全作業データは前日までに作成しておかなければならない．しかも，その作業データは，適切に自動化機械を配置するとともに，すべての機械が高い稼働率で作業できる計画でなければならない．

そのためA^{4}CSELでは自動化施工マネジメントシステムとして『施工計画システム』，『施工管制システム』，『重機管理サーバ』の3つのパートに区分したシステムを作成し，それらを連動させることにより連続的に施工可能なシステムを構築した（**図4.40**）．

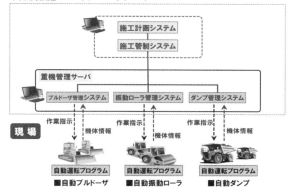

図 4.40 A⁴CSELの構成概要

以下に各システムの詳細を示す．

(1) 施工計画システム

施工計画システムは自動化建機で施工可能な計画を自動作成するシステムである．具体的項目を以下に示す．

① 各建機の作業を分析し，標準施工パターンをマニュアル化する．
② 作業指示者が当日の施工範囲，数量を指示する．
③ 入力された施工範囲に対し標準施工パターンを当てはめ，各建機の作業に必要となる作業エリアと作業時間を計算する．
④ 各建機の作業状況を統合した施工の流れを事前にシミュレーションし，タイムスケジュールを作成する．

例えば，図4.41のような施工状況を想定すると，ダンプトラックによる材料運搬，ブルドーザによるまき出しを数台繰り返し行った後，その後方で作業スペースが確保されたタイミングで振動ローラの作業を開始することになる．作業指示者は施工計画システムで作成されたシミュレーション結果やタイムスケジュールを事前に確認し，必要に応じて再計画を行うが，コンピュータで行うため迅速な再計画が可能となる．合理的な施工計画が作成されれば，その計画データをもとに施工を開始する．

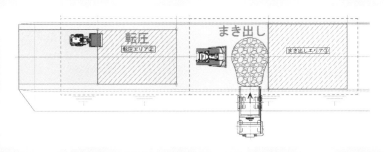

図 4.41 想定された施工イメージ

(2) 施工管制システム

施工管制システムは，施工計画システムで計画された各作業を的確に実施するためのシステムである．施工計画システムにおいて各作業の前後関係の関連付けが行われているので，施工管制システムでは重機管理サーバより情報共有される実作業の進捗に応じて，終了した作業に対して次作業の開始指示を出す．また作業指示者による作業全体の開始指示や一時的な作業中断，再開もこのシステムより実施する．

(3) 重機管理サーバ

重機管理サーバは自動化建機種別ごとにカスタマイズされており，施工計画システムから指示された各作業に対して，走行経路やブルドーザにおけるブレードの上下，振動ローラにおける起振信号の入切などの操作パラメータの生成を行う．また施工管制システムからの指示を受けて，各機体に作業開始の指示を出す．各機体からは作業情報を受領して進捗率などを計算し，その結果を施工管制システムに送信する．

◆ 4.3 現場適用状況

前項までに報告した自動化建設機械や施工マネジメントシステムを実際の建設工事で試行，実証し，適用性を実工事にて確認するとともに，継続的な改良改善を進めている．

4.3.1 ロックフィルダムのコア部盛り立てへの適用

2018年11月，水資源機構・小石原川ダム本体建設工事においてA^{4}CSELによる堤体盛立を実施した．作業エリア近傍に施工マネジメントシステムを稼働させるための施工管制室を設置し（**図4.42**），施工管制システムからの指示により自動ダンプトラック3台，自動ブルドーザ2台，自動振動ローラ2台の合計7台の自動化建機を連動させ作業を行った（**図4.43**）．作業は5時間にわたる連続作業で実施し，コア材一層分（約1,300m³）の盛立を順調に施工する事ができた．

図4.42 管制室の状況

図4.43 自動化施工状況

4.3.2 CSGダム本体工事への適用

堤高114.5m，堤頂長755.0m，堤体積485万m³と，台形CSG（Cemented Sand & Gravel）ダムとしては日本最大級の規模を誇る国土交通省・成瀬ダム堤体打設工事にA^{4}CSELを2020年度から導

入している．上下流幅が広く，大型建設機械での機械化施工に適していること，工事最盛期には，エリアサイズ65,500㎡に1リフト（25cm×3層）で，総ボリューム約48,000㎥を約70時間の連続施工で盛り立てるという大量高速施工の要求に対し，ブルドーザ，ダンプトラック，振動ローラなど15〜20台の自動化建設機械を必要最小人員で，全機種同時に稼働させる計画である．2020年7月から適用を開始し，冬期休工（11月中旬〜3月）を除き，日々，自動化施工を実施している．現在，施工数量に合わせて機械台数を増やしながら，自動運転の管制や日々の施工計画の作成などを行う管制室から昼夜勤体制で連続運転を実施している（**図4.44**右上）．

2022年10月にはA^{4}CSELの導入効果も含めて，月間271,000㎥を打設し，月間打設量日本一を達成した．

図4.44 成瀬ダムにおけるA^{4}CSELの稼働状況

4.3.3 災害復旧工事での適用[8]

2011年9月の台風12号は，関西地方に浸水・河川氾濫，土砂災害など甚大な被害を引き起こしたが，奈良県五條市大塔町赤谷地区においても大規模土砂崩壊が発生した．その結果，崩壊土砂により赤谷川が堰き止められ，河道閉塞が発生した．その大規模な河道閉塞部の安定化をはかる災害復旧としての赤谷3号砂防堰堤工事にA^{4}CSELを適用した（**図4.45**）．

3号砂防堰堤は崩壊斜面直下に位置し，出水期（6月〜10月）になると崩壊斜面と河道閉塞部の周辺は立入り規制区域が設定されるため，斜面再崩壊に対する安全性確保と施工の効率化の両立が求められていた．これまでは遠隔操縦建機を使用した「無人化施工システム」で施工してきたが，有人施工と比較して60〜70％程度に効率が低下することが指摘されていた．このため，この種の工事の生産性を向上するための方策としてA^{4}CSELを適用した．具体的には，自動ブルドーザと自動振動ローラを導入して，砂防堰堤本体ソイルセメントの敷均しと転圧作業を自動化し，それ以外の材料運搬作業などは，従来型の遠隔操縦で行い，自動運転作業と遠隔操縦作業をスムーズに連携させることによって全体の施工効率の向上をはかることを目的として実施した（**図4.46**）．

図4.45 赤谷3号砂防堰堤工事現場全景　　図4.46 自動運転と遠隔操縦との連携作業

　その結果，作業の歩掛り，施工精度の向上に加え，狭隘なエリアでの連携作業も遅延なく，大幅な施工効率の向上を達成するとともに，多数の自動機械の導入現場だけでなく小規模の適用においてもA⁴CSELの導入効果が確認できた．

4.4 「現場の工場化」に向けて

　1.の開発コンセプトの項で述べたように，A⁴CSELが到達目標として掲げているのは，「現場の工場化」である．これを実現するためには，

① 建設機械を自動化する技術
② 重機作業の生産性を左右する上手な運転を実現する運転・操作のデータ化技術
③ 上手な運転を自動化機械に移植するための計測・自動制御技術
④ それらの機械を効果的に効率良く稼働させる技術

であると考えている．

　このうち①〜③は自動化建設機械/システムの開発，高度化にかかわる項目であり，④はそれをどのように活用していくかという技術に関する項目である．

　前者の①に関しては，本章では，我々が独自に自動化改造した事例を紹介したが，基本は建設機械メーカに依存する技術分野であり，我々としては，良い自動化機械が提供されることを望んでいる．②③に関しては，AIやIoTなど先進技術を導入して，継続的に施工技術の研究開発を進めていくことが今後の必須事項であると考える．特に③は，作業単位の効率に直接関係する事項であり，原則的には施工にかかわる各社が，知恵を絞って，独自に技術・システムを構築していくべきである．

　他方，自動化機械/システムだけでは現場の工場化には至らない．④に挙げた技術の活用方法が重要な鍵となる．

a. 自動化機械/システムを効率的，効果的に稼働させる施工方法とその確認ができる管理方法の開発
b. 自動化機械/システムを現場適用した場合の生産性，安全性，品質の評価方法の確立
c. 自動化できない部分の効率的な補完方法
d. 現場の変化に対応して機械の動きを短時間に変更できるシステムの開発とシステムオペレータ育成

これらを総括すると，優れた生産技術と，その技術が使えるように仕事の仕方を変えられるかどうかが，現場の工場化の重要な鍵ではないかと考える．そのための一つの具体的方向として，これまで建設企業としてほとんど実施されることのなかった実大規模での施工実験を進めることが必要と考えている．図4.47は2017年に鹿島建設が開設した実規模施工実験場（神奈川県小田原市）の全景で，約2haの広さがあり，本書で紹介した自動化施工システムのハード，ソフトを実規模で試すための施設となっている．図4.48は自動化建設機械での施工実験の模様である．

図4.47 実規模施工実験場　　　図4.48 自動化施工実験の状況

従来，施工技術にかかわる研究開発はほとんどが工事中の現場において進められてきたため，実験内容が現場作業に支障を及ぼさない範囲に限定されてきた．このような状況下では，なかなか革新的な技術が生まれにくかったのではないかと考える．本章の範囲で言えば，自動化対象作業や対象機種を拡大するための試みが自由に行えなければ，より高度な自動化機械/システムの研究開発を継続していくことは難しい．すなわち，まだ誰もやったことがない現場の工場化を進めるためには，試行錯誤が必要であり，失敗を経験できる環境が必須であると考える．

4.5　A^{4}CSELの月面有人探査拠点建設への応用検討

国際宇宙探査協働グループの国際宇宙探査ロードマップ[9]によれば，2030年には月面上における長期間の有人探査が計画されている．長期間探査のためには有人探査拠点を建設する必要がある．しかし，人間が現場に常駐して作業することが困難であるため，月面有人探査拠点の建設は「遠隔操縦」により行われることが想定されている．

これに対して，地上において1994年の雲仙普賢岳噴火後の復旧工事において初めて導入された遠隔操縦仕様の建設機械を，無線通信によって安全な位置から人が操縦する無人化施工システムがある．雲仙以降，人が立ち入れない場所での作業で使われており，宇宙での建設にもこの無人化施工技術の適用が考えられている．

しかしながら，地上の無人化施工と月面有人探査拠点の遠隔施工において，大きく異なる条件のひとつに，地球と月間の約38万kmという距離によって生ずる通信時間遅延がある．通信遅延の問題は地上の無人化施工システムにおいても存在し，これまでも通信遅延によって生ずる問題が提起されてきた．運転操作と実際に建機が動作する時間が0.5秒以上遅れてしまうと，精度，効率とも大幅に低下することが指摘されている．

38万km間の通信では，単純に考えても光の速度で片道1.3秒になる．地上施設間，月面施設間の通信時間も含めると，往復3〜8秒程度の遅れが生ずることを考えておかなければならない．すなわち，遅延を考慮した遠隔操縦システムが必要となる．

　一方で，施工の生産性・安全性の向上のため，自律自動化した建設機械によって行う自動化施工システムA^{4}CSELによって，重機土工事の主たる作業が自動で実施できるようになっている．

　このような状況を踏まえると，月面拠点建設を実現する方法として，**図4.49**のような無人化施工と自動化施工の特長を生かしつつ，施工環境に適合した遠隔施工システムの適用が有効であると考えられる．

　そこで，遠隔操作における通信遅延の問題解決と，自動化施工システムとの連携を目的とした共同研究を2016年からJAXA，鹿島建設，芝浦工業大学，京都大学，および電気通信大学で進めた．

　本項では，月面探査拠点建設のための遠隔施工システムの実現に向けての技術課題と研究開発の概要について述べる．

図4.49 月面拠点建設イメージ

4.5.1 研究開発の全体像

　月面構造物の遠隔施工を実現することを目指すとともに，そこで培った技術を地上での建設に応用して，生産性や安全性の高い建設施工をもたらす建設施工システムの構築を課題としてプロジェクトを進めた．具体的には，下記の3つの機能を実現する要素技術，並びに研究開発成果を統合した探査拠点の自動化施工システムの研究開発「遠隔操作と自動制御の協調による遠隔施工システムの開発」を実施した（**図4.50**）．

図4.50 遠隔操作と自動制御の協調による遠隔施工システムの構成技術

(1) 遅延を考慮した操作支援機能

3～8秒の通信遅延がある場合でも，建機の操作性や安定性を損なわず，作業計画に応じた遠隔操作を可能にすることを目指している．ここでは，主に，遠隔操作する建設機械の予測位置を表示することや建設機械の状態を推定することで操作支援を行う技術の研究開発を進めた．

(2) 周囲環境に応じた動作判断機能

事前に把握しにくい地形変化を検知し，現在位置での作業内容に応じた自律的な動作が可能になることを目指して研究を行っている．主に，地形認識やGPSがなくても精度よく現在位置を推定する技術の研究開発を進めている．具体的には，2次元レーザスキャナを用いた地形計測・認識，SLAM（Simultaneous Localization And Mapping）による位置推定の適用検討を進めた．

(3) 複数建機の協調作業機能

複数の建機が連携して作業する場合には相手の機械の状況に合わせて停止，走行などの作業を行う必要が生じる．また，遠隔指示ミスで他の機械との干渉などが発生した場合，例えば，衝突回避などの作業変更を自律的に行うことが必要となる．衝突回避のための走行軌道生成と最適化，および与えられた軌道に追従するための走行制御の研究開発を進めた．

4.5.2　主な研究開発の内容

(1) 遅延を考慮した操作支援機能の例－予測画像による遠隔支援

本節では3～8秒の通信遅延がある場合でも，建設機械の操作性や安定性を損なわない遠隔操作を実現する支援法として，遠隔操作者に通信遅延を考慮した建設機械の予測位置を提示する遠隔操作制御系の構築法[10]を述べる．この制御系では，遠隔操作者の操作量と対象となる建設機械のモデルから，通信遅延に対応して対象の予測位置を計算し操作画面に提示する．例えば，遅延が往復6秒の場合，3秒後の予測位置を操作画面に提示し続けることで，遠隔操作者は負担なく操作を行うことができる．また遠隔側となる建設機械には適切なフィードバック補償器を実装することで外乱やモデル化誤差を吸収し遠隔操作への追従性を向上させている．全方向に移動可能なロボットを用いて実験検証した結果を図4.51に示す．ここでのタスクは矢印に沿って壁に衝突することなくロボットを遠隔操作することである．

遅延補償なしの場合（図4.51(a)），左の操作画面には3秒前のロボットの位置が提示されるため，実際には壁に衝突しているにも関わらず操作が続行され，この後は前方の壁を崩しながらロボットは動作した．遅延補償ありの場合（図4.51(b)），操作画面に3秒後のロボットの予測位置が提示されているため，問題なく遠隔操作でき，その結果タスクを達成した．

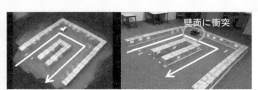 

(a) 遅延補償なし（左：操作者画面　右：実映像）　　(b) 遅延補償あり（左：操作者画面　右：実映像）

図4.51　遅延画像を用いた遠隔操作支援（矢印：移動タスクの経路）

(2) 周囲環境に応じた動作判断機能の例－2次元レーザスキャナによる地形認識

A^{4}CSELで導入している建設機械での障害物検知用に適用した2次元スキャナを用いて，建設機械が走行する路を地形認識する方法について検討した（**図4.52**）．

図4.52(a)に示すように，振動ローラに2次元レーザスキャナを設置して前方を計測する．同時に振動ローラの位置・高さ，方位および傾斜角（ピッチ角・ロール角）をそれぞれRTK-GPS，GPSコンパスおよびジャイロセンサで計測している．そのため2次元レーザスキャナから得られた点群を設置点からの相対位置から絶対位置に変換することができる．また振動ローラが走行することによって，進行方向にスキャンしている場所が進んでいくため，各点群の絶対位置を累積していくことで，前方の面形状を推定することができる．**図4.52(b)**は点群データの点間を補完して面形状を表示したもので，XYは車体の平面位置を原点として，進行方向をXに取っている．この図では，振動ローラの車体幅約2mに対して，前後左右に±5mの地形を表示している．**図4.52(b)**では，前後左右±5mの領域を3×3分割し，それぞれの面での傾きを最小二乗法で平面に近似している．得られた近似面の傾斜が分かることで，走行制御方法を自動で変更し直進走行を維持するなど状況に合致した動作判断をすることが可能になる．また，近似平面と点群データの差を取ることで周囲との凸凹を検知することが可能となる．図中の丸印は走行エリア内に設置したカラーコーンで，走行に影響のある障害物として，30cmの凸部を本手法で検知できることを確認した．

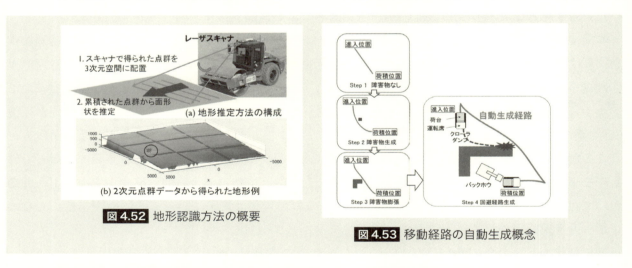

図4.52 地形認識方法の概要

図4.53 移動経路の自動生成概念

(3) 複数建機の協調作業機能の例－走行系の自律化のための経路自動生成技術

自動運転に必須となる自動走行システムにおいては，障害物や地面の凸凹を認識し，移動経路を生成することが重要である．経路生成をリアルタイム化することで協調制御として建機同士の離合が可能になり，さらには経路生成を自動化することで自律性の向上が期待できる．

走行経路の自動生成手法[11]について概要を示す（**図4.53**）．ここでは図のクローラダンプが進入位置に配置されているときに，■で示した障害物を回避しつつ，バックホウのいる荷積位置で荷積みを行うために移動する経路（実線）を自動生成する方法を説明する．経路の自動生成は次の手順で行う．まず障害物がないと仮定して初期経路を求める．次に回避するべき障害物を構成する小さな障害物を生成し，元の形状になるよう膨張させながら，その障害物を回避しうる最短経路に逐次的に修正する．最終的に障害物が元の形状になったときの経路が障害物回避経路として得られる．

4.5.3 自動化建設機械による拠点建設実験

前項までに述べた，遠隔操作と自動制御の協調による遠隔施工システムの実現を目指した共同研究開発成果を統合し，図4.54に示す月面探査拠点の遠隔建設を模擬した実験を計画した．

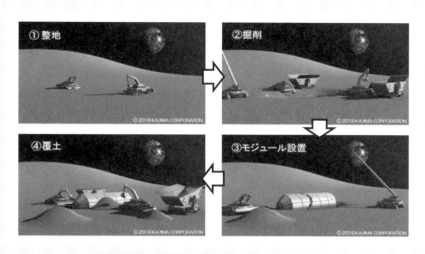

図4.54 月での有人探査拠点建設イメージ

市販の5トン級キャリアダンプ（CD）および7トン級バックホウ（BH）に対し，A^4CSELで実施してきた自動化と同様の各種センサ，制御PCを装備し，遠隔操作と自動運転の双方が可能な機械に改造した（図4.55，図4.56）．

図4.55 遠隔自動キャリアダンプ

図4.56 遠隔自動バックホウ

これらの建機を用いて探査拠点の自動建設システムの検証実験を行った．次の4ステップ（図4.57参照）の作業を自動，遠隔で行った．
① BHで移動しながら地盤掘削を行い，BHの位置に合わせてCDが位置を合わせ，BHが掘削土をCDに積み込む
② 月面拠点モジュールを模擬したコルゲートチューブ（φ1.5m×長さ3m）を設置
③ 掘削土を所定の位置にCDで運搬・荷下ろしし，掘削溝をBHで埋め戻す
④ 所定の位置にCDで運搬・荷下ろしした掘削土をBHでコルゲートチューブに覆土する

図4.58，4.59に実際の検証実験の状況を示す．

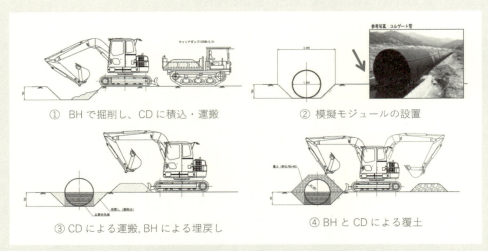

図4.57 模擬拠点建設のステップ

図4.58 CDとBHの連携/協調作業による掘削，積込み，運搬作業状況

図4.59 CDとBHの連携/協調作業による埋戻し，模擬モジュール覆土作業状況

4.5.4 実工事を利用した遠隔施工システムの実証

　前項の実験は，2019年3月に鹿島建設の実規模施工実験場において実施したものであるが，その成果の発展形として，2021年3月に遠隔からの建設機械の操作および自動運転による施工実験を実施したのでその概要を以下に記す．

　JAXA相模原キャンパス（神奈川県相模原市）と鹿島建設が施工するJAXA種子島宇宙センター衛星系エリア新設道路等整備工事現場（鹿児島県南種子町：**図4.60**）に設けた施工エリアを公衆電話回線で結び，現場に配置された建設機械（振動ローラ）を遠隔で操作した．さらに相模原から

の指令で自動運転に切換えて作業を行い，遠隔操作と自動制御の協調による効率の良い遠隔施工システムの実現性を評価した．

図4.60 JAXA種子島宇宙センター造成現場

　まず，地球から月面へ輸送した建設機械を建設予定エリアまで遠隔操作で走行させるという想定で，JAXA相模原キャンパス敷地内にある宇宙探査実験棟の操作卓から現場の振動ローラを遠隔で操作し，クレータ等，月面の障害物を模擬した仮想障害物を避けて計画作業エリアまで移動させる．次に，探査拠点建設現場を想定した計画作業エリアでは，A^4CSELにより自動運転に切替えられた自動機械が計画通りの作業を高速に精度よく実施するというシナリオで，実際の遠隔・自動振動ローラによって一連の作業を行った．なお，大きな通信遅延環境での確認という面で，遅延タイマーにより通信経路に人為的に大きな遅れを発生させた．

　この結果，運転遠隔操作では，2～3m毎に停止，確認しながらの運転になるため効率は悪くなるものの，建設機械の操作性や安定性を損なうことなく遠隔操作が行えることを確認できた．また，遠隔操作から自動運転への切替え後は，自動運転によるスムーズな施工を行うことができ，月面での無人による有人拠点建設の実現につながる成果が得られた．

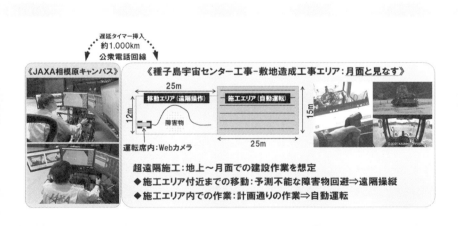

図4.61 遠隔施工システムの実施状況

4.5.5 地上の施工システムへの展開として

本書冒頭で記した建設業における重要課題，さらに「働き方改革関連法」への対応策として，少ない人手で確実かつ速く，安全に工事を行うことができるA^4CSELを広く適用するため，大規模工事だけでなく中小規模の工事にも広く利活用することが必要となる．このための方策として，前項で紹介した『遠隔施工システム』を展開して，場所の異なる複数のA^4CSEL導入現場を一箇所から管制する遠隔集中管制システムを構想し，実際の工事に実装した．具体的には，国土交通省・成瀬ダム（秋田県）の15台，同時期にA^4CSELを導入していた同じく国土交通省・赤谷3号砂防堰堤（奈良県）に導入していた2台，および鹿島建設の実規模施工実験場（神奈川県）に配置した3台の合計3箇所20台の自動/遠隔建設機械を東京都の鹿島建設本社ビルから4人で管制し，すべての現場を同時に稼働させることができた（**図4.62**）．これにより，

・人員の飛躍的な有効活用が図れる
・作業者が現場所在地に赴任する必要がなくなる
・大規模現場だけでなく，中小現場にも適用することが可能となる

など諸々の困難な課題を解決する次世代の施工システムの一つの姿だと考えている．

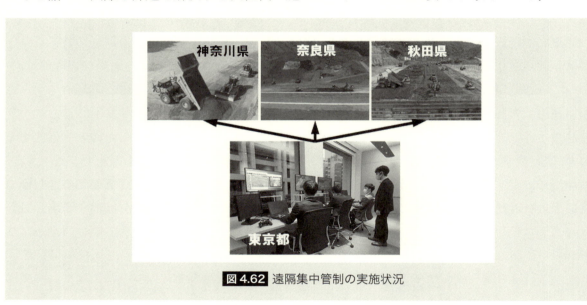

図4.62 遠隔集中管制の実施状況

4.6 本章のまとめ

筆者らが開発してきた建設機械の自動運転と，生産計画・管理の最適化を核とした自動化施工システムA^4CSELの技術概要報告と，A^4CSELが目標としている「建設現場の工場化」に対しての課題と方向性について述べた．また，A^4CSELの技術活用の例として，宇宙開発における月面有人探査拠点建設への応用検討について紹介した．

当然のことであるが，A^4CSELでは，使用される自動化機械は作業データが与えられなければ動かない．その意味で，これまでオペレータに頼めば済んでいた仕事を一つ一つデータに変換できなければ施工できない．これは従来の現場運用方法から見れば，とても手間のかかることかもしれな

い．しかし，作業をデータ化して組立て・加工機械を動かすことは，製造工場では普通に行われてきたのである．すなわち，A^{4}CSELは間違いなく，工場の生産システムを建設分野に導入し，実用するための形態の一つである．そして，これを導入，発展させていく仕組み，技術の実現のためには，従来の施工のやり方を見直していくこと，生産工学的な視点からの工夫をし続けることがきわめて重要であると考える．

一方，今回紹介した自動化施工システムA^{4}CSELを現場に展開，普及させるには，自動化機械に合った施工手順や方法，生産設備の再検討が不可欠である．施工要領，作業標準，設計の見直しが必須となると考えている．『従来のやり方を見直す』という視点が重要である．例えば，月面の有人探査拠点の建設は，施工方法，手順を検討するうえで，自動化機械が保有する性能，機能，動作限界を踏まえて作業を規定することで実施可能となっている．したがって，ここで紹介した施工システムなど，これまでの考え方や方法とは異なる生産技術や体制を主体的に継続的に開発し，導入し，展開していくことが，土木の生産活動の大きな部分を占める施工段階の次世代へ向けた変革，業界の問題解決につながるものと考えている．

〈参考文献〉

1) 三浦 悟：建設機械の自動化を核とした次世代建設生産システム，ダム日本，No.897, pp.31-41, No.898, pp.43-48, 2019.
2) Y. Kanayama, Y.Kimura, F.Miyazaki and T.Noguchi：A stable tracking control method for an autonomous mobile robot, In Proc. IEEE Int. Conf. on Robotics and Automation, pp.384-389, 1990
3) 加納ほか，"個別要素法によるテラメカシミュレーション"，コマツ技報，Vol.49, No.151, pp.13–19, 2003.
4) M.Pla-Castells et al., "Visual Representation of Enhanced Sand Pile Models", Universidad de Valencia, Spain, pp.141-146, 2003.
5) M.Pla-Castells et al., "Physically-Based Interactive Sand Simulation", Universidad de Valencia, Spain, pp.21–24, 2008.
6) B. Nagy and A. Kelly: "Trajectory Generation for Car-like Robot Using Cubic Curvature Polynomials", Field and Service Robot, 2001.
7) 浜本，黒沼，大塩，小熊，三浦：「建設機械の走行制御と目標経路生成について」，第16回計測自動制御学会システムインテグレーション部門講演会，2G2-2, 2015.
8) 古江智博ほか：災害復旧工事における国内初の砂防堰堤自動化施工，土木施工，VOL.63, No.2, pp.88〜91, 2022.
9) International Space Exploration Coordination Group：The Global Exploration Roadmap Supplement, October, 2022
10) K.Kobayashi and Y. Uchimura; "Model based predictive control for a system with long time delay", IEEE International Workshop on Advanced Motion Control 2018 (AMC2018), pp.581-586 (2018)
11) K. Hamada, I. Maruta, K. Fujimoto and K. Hamamoto, "On Trajectory Generation with Obstacle Avoidance for a Two Wheeled Rover Based on the Continuation Method", the 15th International Workshop on Advanced Motion Control, 2018

第5章 災害対応における無人化施工

5.1 無人化施工とは
5.1.1 概要
5.1.2 無人化施工の操作方法の違い
5.1.3 雲仙方式による無人化施工
5.1.4 遠隔操作式建設機械の構成

5.2 無人化施工の技術の発展

5.3 災害対応のための準備

5.4 無人化施工の災害対応事例

5.5 無人化施工技術における新しい取り組み
5.5.1 無人化施工から派生した自動化システム
5.5.2 無人化施工VR技術システム

5.6 無人化施工のこれからの展開

第5章 災害対応における無人化施工

「無人化施工」とは，遠隔地から無線通信技術を利用して遠隔操作式建設機械を操作し，建設工事を行う技術の総称である．主に自然災害被災地等の危険性の高い施工現場において，十分離れた安全な操作室から，カメラ映像とICTを使用して，建設機械をオペレータが遠隔操作し施工を行う．複数の機械を用いる遠隔操作式建設機械群を用いて被災地での工事を無人化施工で行う場合も多くなっており，近年は，日本の技術の将来ビジョンとして掲げられているSociety 5.0[1]）を体現する5Gなどの最新の通信技術の適用先としても期待されている．この章では無人化施工技術の概要と簡単な歴史および代表的な事例，最近の技術を紹介する．

5.1 無人化施工とは

無人化施工技術は，通常土木工事等で利用する建設機械を遠隔操作化することで，作業場所から離れた位置でオペレータがそれらの建設機械を制御して作業する技術である．開発初期の頃には「人間が立ち入ることができない危険な作業現場において，遠隔操作が可能な建設機械を使用し，作業を行うこと」と定義[2]）されていたが，雲仙普賢岳における火山災害の復興工事以降は，安全な地域に設置した遠隔操作室から無線により複数の建設機械を組み合わせて施工する方式を「無人化施工」と呼ぶようになった．ここでは，その概要と歴史，最新技術までを技術的側面から紹介する．

5.1.1 概要

無人化施工技術の基本構成を述べる．施工機械側は，建設機械本体に無線システムと制御装置を組み込んだ遠隔操作式建設機械をベースとして，これに様々な作業支援装置を追加して構成される（**図5.1**）．

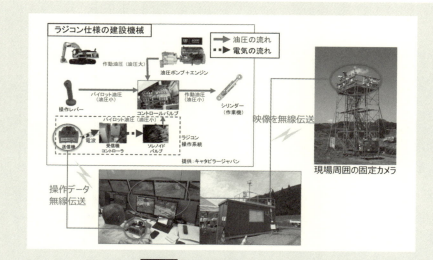

図5.1 無人化施工構成概要図

遠隔操作により，建設機械を動かすために必要な条件として，オペレータが作業対象の場所を認識するとともに，建設機械を動かす動作量を把握できることが挙げられる（**図5.2**）．

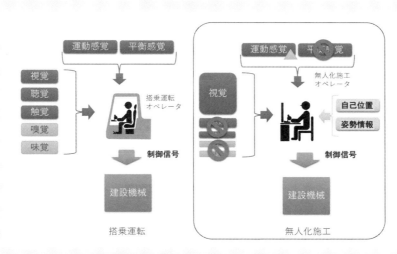

図5.2 搭乗運転と無人化施工の違い

5.1.2 無人化施工の操作方法の違い

一般にその操作方式は，**図5.3**に示すように対象工事の状況により4段階に分かれている．

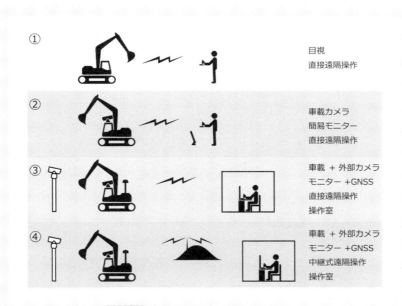

図5.3 無人化施工の操作方式の違い

①は直接操作方式で，野外では最小限の機材で，対象箇所を目視しながら作業を行う．車体の陰に作業場所が隠れないように注意する必要がある．

②は車載カメラを搭載し，携帯型の簡易モニタを見ながら，目視操作と併用して作業する．作業箇所が直接目視できなくても，車載カメラで死角を補うことができる．

①および②の方式は，操作室は設けないため，天候の影響や長時間の作業には向いていないが，コストが抑えられるメリットがあり，比較的作業量が少ない場合や災害対応の初期の段階で用いられる．

③は，操作室を設置し，その内部でオペレータが操作を行う．無線はアンテナを操作室外部に設置し，操作をおこなう．天候に影響を受け難いため，操作距離が短いが，長期間の施工を行う場合に利用される．

④は，中継局を設けて，長距離の遠隔操作に適用する方式である．

③および④は，遠隔操作はその施工場所から離れた操作室などで操作を行うため，システムの構築に時間を要する．

5.1.3 雲仙方式による無人化施工

第1章で紹介したように雲仙普賢岳における火山災害の対策工事では，二次災害を防止するために様々な方式の無人化施工技術が試行されたが，それらは，雲仙方式の無人化施工技術と呼ばれている[3]．代表的な事例を図化したものを**図5.4**に示す．

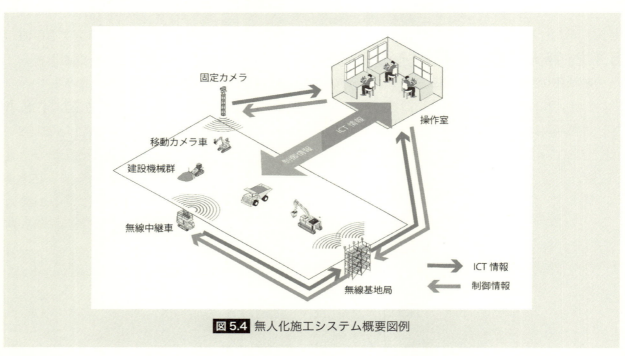

図5.4 無人化施工システム概要図例

図5.4に示すように，雲仙方式での無人化施工は，モニタや操作機器を備えた操作室とカメラやICT機器を備えた遠隔操作式建設機械群，更に外部の固定カメラや基地局で構成された施工システムである．一般に工期が1か月以上，施工範囲が100m以上の比較的大きな災害復旧工事の場合，二次災害の危険から作業場所に人が立ち入ることができないことはもとより，長期の滞在のため操作室の設置が望ましいこと，直接目視では確認することができないエリアが多いため外部カメラを設置する必要があること等の理由から，このシステムが採用されることが多かった．

5.1.4 遠隔操作式建設機械の構成

構成要素は，操作室，外部カメラ，外部無線アンテナ設備，複数の建設機械である．さらに拡張する場合は，無線中継設備，カメラ専用車などで補強する．その他，測量専用車両や清掃車など，用途に合わせた特殊車両が追加される．無人化施工の基礎となる遠隔操作式建設機械について解説する（図5.5）．

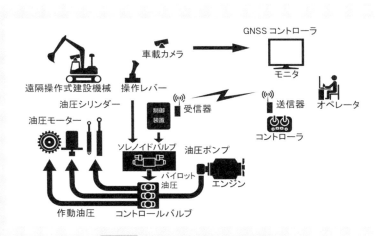

図5.5 無人化施工システム概要図

建設機械を遠隔操作化するためには，建設機械の油圧バルブを電磁バルブ等に変更してPWM制御等を用いて操作する．ここで，PWM（Pulse Width Modulationの略）制御とは，半導体を使った電力の制御方法の一つで，高速スイッチングによりパルスの時間を変化させることで，出力される平均電力を制御する制御方式である．この制御のために建設機械側には無線機と制御装置および電磁バルブ等のユニットが搭載されている．一部には油圧以外に機械式で油圧バルブを動かす方式も存在する．操作室には操作するためのコントローラと無線機があり，作業を確認するための映像用モニタが設置されている．映像用カメラは車載カメラと建設機械の外部から機械の作業を確認するための監視カメラがある．

◆ 5.2 無人化施工の技術の発展（ICTなどの技術面から見た歴史）

この節では，無人化施工技術における主に無線通信などのICTの進展について紹介する．日本では1960年代から，掘削や排土などの単純な土木作業を，遠隔操作式建設機械を使用して行ってきた．文献[4]によれば，危険な砂防工事で油圧ショベルを使った例や水中ブルドーザなどの例が挙げられている他，陸上の施工としては1983年に油圧ショベルで施工が行われた記録がある[4]．

こうした遠隔操作式建設機械は，製鉄所などの悪環境化での作業に遠隔操作式油圧ショベルやブルドーザを利用した技術が発展したものと言われている．製鉄所などで発生するノロ，あるいはスラグと呼ばれる精錬時の廃棄物の処理等に使われていた技術を元に，主に危険な場所や人が容易に近づけない場所で遠隔操作式建設機械を利用して工事を行うことを国内ではのちに無人化施工と呼ぶようになっていった．そうした状況の中で，1990年に噴火した雲仙普賢岳の火山災害を契機に，

総合的に危険区域での工事に対応をすることを目指して、複数種類の建設機械を組み合わせた施工を遠隔地から行う作業方式が始められた。これが現在まで発展して、無人化施工技術として災害対応工事に広く適用されてきたが、その過程では、人が立ち入ることができない危険区域で作業を行うための技術が強く求められ、それを実現するために無線通信による遠隔操作技術が確立されてきたことが技術開発上の特徴といえる。

無人化施工として広く認知された例は、1994年雲仙普賢岳での建設省（当時）試験フィールド制度による試験工事が最初となる[5]。この工事では、**表5.1**、**図5.6**の条件で試験工事が行われたが、初めて移動式遠隔操作室を利用して、遠隔操作式建設機械群を組み合わせて施工を行う技術が確立された（**写真5.1**）。

技術の内容	技術の水準
1. 不均一な土砂の状態で、かつ岩の粉砕を伴う掘削と運搬	直径2～3m程度のレキの破砕が可能であること
2. 現地の温度、湿度条件に対応可能	外囲条件として一時的には温度100℃、湿度100%でも運行可能
3. 施工機械を遠隔操作することが可能	100m以上の遠隔操作が可能なこと

表5.1 無人化施工公募時の施工条件

図5.6 施工条件の解説

写真5.1 雲仙での試験フィールド制度施工状況

この試験工事での技術の特徴は主要な作業では，無線による遠隔操作が確立した点である．当時の無線の利用例を**図5.7**に示す．無線の利用種類を分類すると，図では重機操作情報転送と記述している機械および搭載機器を制御するための制御系無線，作業映像である画像情報を微弱電波およびミリ波により伝送する映像系無線，重機の位置を特定するGPS（Global Positioning System, 全地球測位システム）情報，および車両情報となる計測機器等の情報を伝送するためのデータ伝送用無線に分けられる．

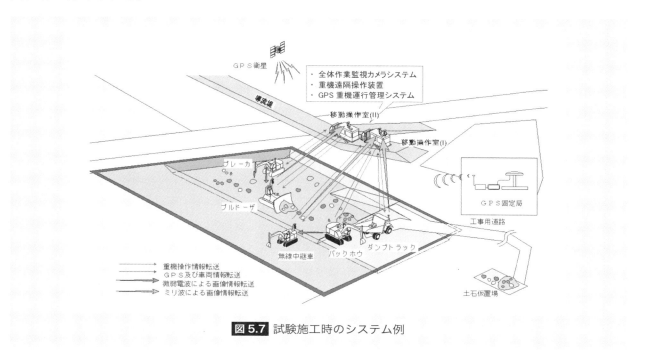

図5.7 試験施工時のシステム例

　制御系無線局は，主に特定小電力無線局429MHz帯として産業用リモートコントロール無線局を利用している．単向通信，連続送信が可能で0.01Wの出力である．現在でも遠隔操作式建設機械には標準で採用されている無線局である．

　映像系無線局はその帯域が広く必要なため，専用の無線局を使用している．1994年当初は100m以上の距離を伝送可能である無線局として50GHz帯ミリ波小電力無線局が存在していた．無線局はミリ波でかつ，0.001Wと小さい出力であるため，指向性があり，移動体に搭載するにはアンテナ追尾システムが必要であった．無人化施工では2000年代初めまで盛んに利用されていたが，映像のデジタル化と無線LANの発展により徐々に様々なデジタル無線局へ移行していった．

　データ伝送系無線局は，1994年当時は特定小電力無線局が利用されていたが，伝送量や無線機の種類が限られているため，限定的な使用であった．1996年以降は小電力データ通信システムである2.4GHz帯無線局が一般的となり，無人化施工でも計測装置や中継システムが発達する原動力となった．これは，伝送容量が特定小電力無線局の1200bps〜9600bpsと少ない壁を960bps以上に拡大したことによる．そのため複数の制御機器等をまとめて伝送できるようになるなど利用する範囲が拡大した．

　無人化施工では中継システムが1994年以降確立して特定小電力無線局伝送能力である300mの壁を越えて施工することができるようになっている．これは50GHz映像用無線局と2.4GHz帯小電力データ通信システムの組み合わせで可能になったもので1kmを超える施工が実現できた．**図5.8**に

2007年頃の雲仙方式による無線の事例を示す．この図の様に，個々の機器を繋ぐための独立した無線システムをそれぞれ利用していたため，システム全体の立ち上げ調整に多くの時間を必要とした．

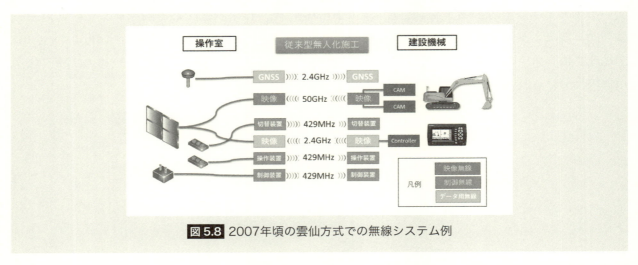

図5.8 2007年頃の雲仙方式での無線システム例

　無人化施工の通信システムの大きな変化としては，2011年3月〜4月に超長距離遠隔操作実験[6]が国土交通省九州地方整備局雲仙復興事務所で行われ，光ファイバーによる70km以上の遠隔地からでも無人化施工による工事が可能であることが示された．これは既設の光ファイバー網を利用して本格的に行われた実験であり，この後，紀伊山地での北股川北股地区緊急対策工事[7]などに適用され，実用化に至っている．

　ネットワークに対応することで無人化施工の無線に対する制約が削減され，必要な機材が無線の種類などにかかわらず設置できるようになってきた．IPネットワークと無線LANにより，制御系，映像系，データ伝送系と無線を分ける必要がなくなり，状況に適した無線機を選定することができるようになった．特に中継システムを検討する上で，無線機の制約が少ないことは無人化施工が発展するための特筆すべき要因になった．

図5.9 雲仙方式による無線概要図例 [6]

無人化施工の事例を赤松谷川11号床固工工事（国土交通省九州地方整備局雲仙復興事務所）で説明する．この工事では，図5.9に示すようにほとんどの建設機械は主に無線LANの中の5GHz帯無線アクセスシステム（IEEE802.11j）を制御・映像・データの通信に利用している．無線中継車を利用し，到達距離やアンテナ間の視通を確保しながら建設機械を制御している．カメラ車や中継車の通信には25GHz帯小電力データ通信システムを利用し，5GHz帯無線LANの帯域を補っている．

　今後は，5GやWi-Fi6など新たな規格の無線局へ移行しつつあるが，日本ではロボット用無線（無人移動体画像伝送システム）[8]が利用できるようになっており，今後の利用が期待される．

5.3　災害対応のための準備

　災害発生時には二次災害の危険があり現地に人が立ち入ることができない場合には，無人化施工技術を導入し，速やかな災害対応にあたることが求められる．この節では，そのための手順と注意点について解説する．

① **作業環境条件の調査**

　無人化施工の適用する場合に，作業環境条件の調査を行い，それに基づいて導入計画を立てる必要がある．

<u>施工エリア</u>：ここでは，より困難な場合として，安全面から人が立ちれないか，長期間の人の常駐が難しい場合について，考える．カメラおよび無線の固定設備がそのエリアで必要な機能が果たすだけの条件を満たしているかを検討する．施工エリア周囲に人が立ち入ることができる範囲があれば，その範囲を積極的に利用し，それらの固定設備を配置するが，その範囲がない場合，施工エリア内にその設備を設置する必要がある．図5.10に作業エリアの概要図を示す．

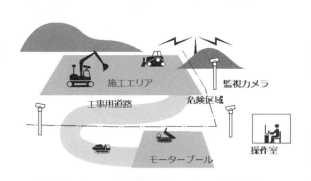

図5.10 施工エリアの概要図

② **建設機械の選定**

　発生した災害や想定される災害に対して，調達できる無人化施工の建設機械を選定する．現在，国内で用意されている機械は，建設無人化施工協会のHPなどに掲示されている[9]．主な基本構成は汎用機械を中心に，これを改良して対応する．

<u>油圧ショベル</u>：作業半径やその移動適用範囲などから災害対応では主要な作業機械となる．国内では主に7.2tクラスから75tクラスまでが利用されているが，特に30tクラスが多く利用されている．

ダンプトラック：78 t，45 t クラスの固定軸のダンプトラックが雲仙では良く利用されていた．

この他，RCC（Roller Compacted Concrete）などの砂防えん堤工事で利用される振動ローラや少量土砂や材料の運搬に利用される不整地運搬車がある．

実際の工事では，これらの機械をさらに用途別に改装した特殊装備機械が利用されている．特に無線中継車は，危険区域が広い現場では欠かすことができない車両である．危険区域内において，油圧ショベルや高所作業車を改造した固定カメラ専用のカメラ車は，無人化施工の作業性を大きく改善することができ，有用性の高いものになっている．

③　無線設備

遠隔操作を実現するためには，無線環境の構築が最も重要な項目の一つとなる．必要な情報としては，車載カメラや作業状況を周辺から撮影する固定カメラなどの映像情報，機械の制御情報，作業支援のためのGNSS（Global Navigation Satellite System，全球測位衛星システム）などのセンサ情報やそのシステムの情報が挙げられる．

作業エリアの作業内容から必要な無線設備を設計・計画し，それに基づき建設機械の選定を行うことになるが，現場が広い場合には，前述の多様な情報を確実に伝えるために，**写真5.2**に示すような無線中継台の上に中継器を設置する場合がある．

写真5.2 無線中継架台

④　カメラ設備

主に**写真5.3**に示すような固定式のWebカメラなどにより，外部からの映像を取得し，活用する．**写真5.4**に示すような車載カメラは，作業性に影響を与えるのでその目的に応じて，導入を検討する必要がある．

写真5.3 固定カメラ例　　**写真5.4** 車載カメラ例

⑤　支援システム

　無人化施工の現場では，重機による地盤の掘削作業や運搬機械の走行状況の管理などで，重機の位置座標を計測しなければならない．また，RCCなどの砂防えん堤工事のためにコンクリート打設を行う場合にも，コンクリートの敷均しや転圧管理で重機の位置座標を特定する必要がある．無人化施工における座標計測では，1994年以来，アメリカの衛星を利用したGPSが重要な役割を果たしてきたが，現在では，複数の国の衛星を活用するGNSSが利用されている．**図5.11**に示すようなブルドーザによる土の敷き均し作業では，RTK-GNSS（Real-time kinematic GNSS）によりXY座標では誤差±2cm程度で工事管理を行うことができ，十分な精度が得られる．2004年以降は，無人化施工でもMG（Machine Guidance，マシンガイダンス）やMC（Machine Control，マシンコントロール）が実用化[10]され，丁張レスで精度の高い施工が可能となった．また，以前は施工後にRTK-GPSでその座標を測ることで確認していたが，現在は，施工と同時に精度確認ができるように改善されている．次節では，これらのシステムの実際の運用状況を紹介する．

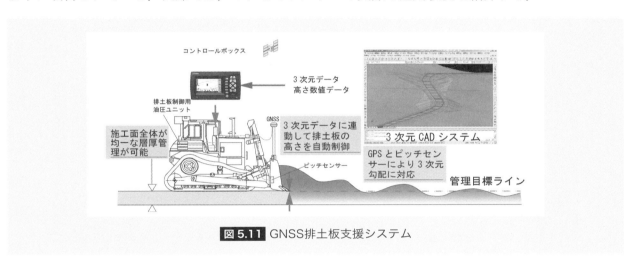

図5.11 GNSS排土板支援システム

5.4 無人化施工の災害対応事例

　無人化施工の対応事例として，阿蘇大橋地区斜面防災対策工事[11]について紹介する．
　2016年熊本地震（本震）により阿蘇大橋地区で大規模な斜面崩壊が発生した．この大規模な崩壊は長さ約700m，幅約200m，土砂量約50万m³にもおよび，国道57号，JR豊肥本線，国道325号の阿蘇大橋を押し流す大災害となった．国土交通省九州地方整備局は直轄緊急事業として，斜面頭部に残存する不安定土砂除去と流出する土砂や落石を捕捉する土留盛土工を築堤することとした（**図5.12**）．
　工事では，余震や降雨等により更なる斜面崩壊が懸念されるため，二次災害の防止を目的に無人化施工が前提条件となった．さらに，当該斜面は黒ボクと呼ばれる阿蘇地域特有の火山灰起源の特殊土壌が分布し，含水状態によっては**写真5.5**に示すように泥濘化してトラフィカビリティに悪影響を及ぼすことから施工上の配慮が必要であった．現場に立入れない中で，調査・設計・施工の一連のプロセスにおいて2.3.3節で紹介したi-ConstructionにおけるICT施工を総合的に取り入れるこ

とにより，安全かつ迅速に施工を行った．

主な工事内容は土留盛土工（上下段）18,140m³，頭部排土工17,264m³，ガリー対策工1式，1号・2号工事用道路579m，頭部工事用道路198mである．

図5.12 阿蘇大橋地区被災状況

写真5.5 泥濘化した崩落地内での作業状況

写真5.6 土留盛土工無人化施工状況

阿蘇大橋地区斜面防災対策工事の土留盛土工（写真5.6）では迅速な対応が求められたことから広範囲な中に14台の遠隔操作式建設機械を集中させ，施工を実施した．従来の無人化施工システムでは，無人化施工で必要とされる遠隔操作信号・カメラ映像信号・各種センサ信号は1対1の個別の無線機で対応していたことから，無線機の台数も多くなり，調整に時間を要した．この現場に

従来の1対1個別無線対応技術を導入すると，無線機の調整に時間を要し迅速性が消失する，建設機械が広範囲に稼働するため無線の到達限界による無線断の可能性がある，多数の無線機を投入するため無線干渉による稼働が不安定になる可能性がある，といった問題の発生が懸念された．

そこで，この工事では図5.13, 14に示すようなネットワーク対応型無人化施工システム (Network Style Unmanned Construction System) を導入した．本システムは無人化施工で必要とされる信号すべてをIOT化することにより，一つのネットワーク（LAN）上で無人化施工機械群を一元管理するシステムである．LANで管理することにより，通信技術の拡張性が生まれ，無線LANや光ケーブルの導入が容易となった．また，無線LANは一つの周波数で多くのデータを効率よく伝送することができるため，無線資源の有効利用を可能にした．光ケーブルは長距離遠隔操作を可能にし，遠隔操作室設置の自由度が向上した．これにより，この工事では現場から1km離れた安全な場所から遠隔操作で工事を実施することができた．またGNSS等のセンサを使用する情報化施工もこのシステムを使用し，LANで管理することが可能なため，多様なセンサを駆使し高度な施工管理が可能となった．これにより災害適用能力が向上し，複雑化する災害に対する無人化施工の迅速な適用の可能性を広げることができた．

図5.13 阿蘇大橋地区斜面防災対策工事で採用されたネットワーク対応型無人化施工システム

図5.14 阿蘇大橋地区斜面防災対策工事における無線系統図

　その後，崩壊地上部からの落石などの危険を軽減させることを目的に，滑落崖などの崩落を発生させないための頭部排土工および雨水等による浸食を防ぐガリー対策工や不安定土砂を斜面から撤去する排土工を無人化施工で実施した．45度以上でかつ崩落土砂の急傾斜地において，ワイヤーとウインチで保持されたロッククライミングマシンを使い，ネットワーク対応型無人化施工システムによりMGを利用した施工管理を行いながら崩落土砂撤去作業を初めて実施することが可能となった．**写真5.7**にこのシステムによる作業の状況を示す．崩壊地斜面を頂部から順次掘削・排土することで安定した地山を露出させる作業が行えていることがわかる．

写真5.7 ロッククライミングマシンによる作業状況

5.5 無人化施工技術における新しい取り組み

無人化施工は，搭乗運転と比較して作業効率が低下することが知られており，この課題を克服するための取り組みがなされている．ここでは，無人化施工技術における新しい取り組みの事例を紹介する．

5.5.1 無人化施工から派生した自動化システム

無人化施工のシステムでは，無線通信などの技術が確立しているため，様々な自動化技術を導入し易い環境が整っているといえる．MCの様に部分的な自動化技術を取り入れることは，比較的早い時期から行われ，2004年頃にはブルドーザの排土板を自動制御するMCが無人化施工でも使われるようになってきた．これは，GPS（GNSS）の装置が振動や衝撃にも耐え，車載することが容易になったため実現されたものである．また，自動車などの機械の内部で，電子回路や各装置を横断的に接続するための通信規格の一つであるCAN（Controller Area Network）を利用したシステムが増えてきたため，システムの無線化が容易になってきた．建設機械の制御もCAN上で扱うことができる機械が増えており，CANを通じて直接機械制御を行うと，別途機械制御のための物理的なツールが必要でなくなるため，より自動化を進めることが容易になっている．

不整地運搬車の自動運転では，複数の車両の運行を，AIを利用して管理することが可能となっており，一人のオペレータがバックホウと複数の不整地運搬車を操作することも実現されている．土木工事において，運搬経路の往復という単調な繰返し作業となる土砂運搬作業は，運転者の疲労蓄積や集中力の低下による路逸脱や人・物への接触等の事故発生の危険性がある．AI制御による不整地運搬車（クローラキャリア）の自動走行技術は，この運転者の労務負担の軽減をはかるために開発された技術の事例である．無人化施工では，単純な運搬作業でも熟練のオペレータが必要であるが，AIを導入することでバックホウの1人のオペレータが複数の不整地運搬車を動かして，作業することが可能になり，一人あたりの労働生産性が向上した（**図5.15**）．

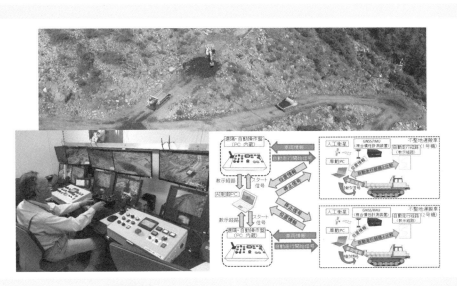

図5.15 AI運行管理システムによる施工事例

無人化施工機械は，遠隔地からの制御信号で動かすシステムであるため，その信号をコンピュータで発生させれば，自動運転が簡単に実現可能である．このことから今後は一つの方向として無人化施工機械をベースとした自動運転システムが大きく発展することが期待される．

5.5.2　無人化施工VR技術システム

　無人化施工の環境をオペレータに提供する事例を紹介する．無人化施工では，前述のように，操作する建設機械の傾きなどの状況をオペレータが常に理解することはモニタからの視覚情報だけでは困難である．**写真5.5**に示した泥濘化した崩落地内での作業状況のような急傾斜でかつ軟弱地盤であるような場合では，リアルタイムでその状況を直接オペレータに伝えるための効果的な手段が必要となる．

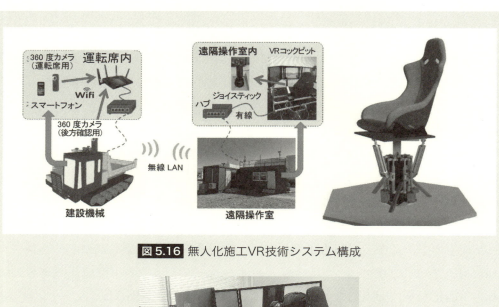

図5.16 無人化施工VR技術システム構成

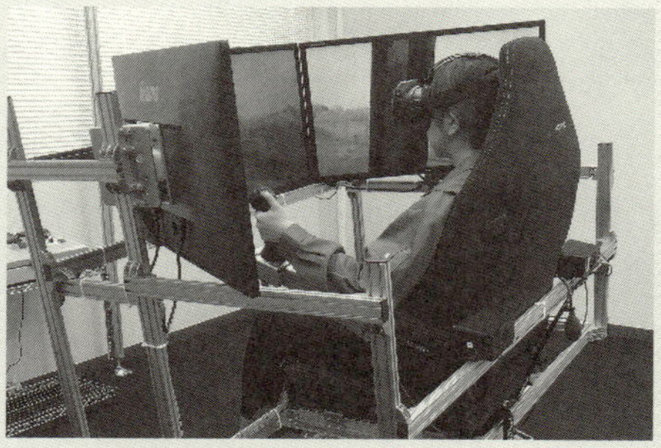

写真5.8 VRコクピット

　シンクロアスリートと呼ぶVRシステム[11]は，遠隔地で対象となる機器の動作時の姿勢を疑似的に体感できるシステムである．システム構成は体験者が着座する姿勢を3自由度で再現する座席であるモーションベースとHMD（Head Mounted Display）を用いて，オペレータが建設機械に搭乗しているような感覚を体感できるシステムである．建設機械側では運転席に360度カメラとスマートフォンを搭載し，オペレータ目線での映像・音と車両の動きを撮影・記録する．360度カメラとスマートフォンで撮影・記録された情報はWi-Fiルータで受け，無人化施工ネットワークを通じて遠隔操作室に伝送される．遠隔操作室側では建設機械側で記録した360度映像をモニタと

HMDで再生すると同時に車両の動きに関するデータによりモーションベースを駆動する．

このシステムを無人化施工へ適用させるにあたり，専用のVRコクピットを作製した（**写真5.8**）．座席をボールチェアから自動車用のシートに変更した．また，車両の遠隔操作を可能にするためにアームレストに遠隔操作式建設機械の操作機（ジョイスティック）を取付けた．360度カメラの映像を車両の動きとシンクロさせるために映像を表示するモニタはモーションベースに取付けた．360度カメラを運転席に設置することにより，あたかも自分が運転席に搭乗しているかのように臨場感のある建設機械の操作が可能である．

この事例にあるように無人化施工で失われる感覚を復元する技術は，今後の技術の発展に重要な役割を果たしていくと考えられる．

5.6 無人化施工のこれからの展開

現在，無人化施工の課題として，コスト低減が必要であるといわれているが，失われた五感情報などを補うためには別途機器やシステムを搭載しなければならず，それがコストを増加させる要因となっている．コストを下げるには，汎用性を高める必要があり，技術の適用範囲を広げるために災害以外の工事への適用も進めていかなければならない．

不確定な環境の中では，自律制御ロボットでは，多くの問題が発生することが予想される．災害時は，不確定な環境でかつ変化も大きいことから，迅速かつ安定した高度な判断が求められる．繰り返し作業などはAIによる制御が適するが，難しい判断に人間の能力を活かすシステムは，今後も重要な位置を占めることになる．

人間の行動から，必要な情報は何かを考えると，制御を行う上で足りない情報が見えてくる．**図5.17**に示すように，五感情報が，人間の行動に重要な役割を果たすが，これをコンピュータが正しく理解するための情報処理技術が必要となる．しかしこの分野はまだ，コンピュータだけで行動するには十分に発達しているとはいえない．これらが進展するためには人の考えや行動の理解が必要であるとともに機械の環境をリアルタイムで正しく分析し，数値化する技術が必要となる．

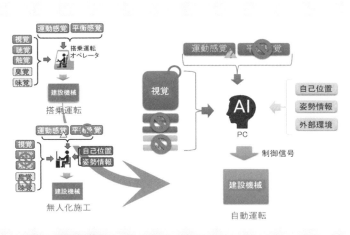

図5.17 自動運転での必要な情報について

最後に，遠隔操作技術である無人化施工は，人間の優れた予測能力や柔軟に考えることができる能力を最大限に活かしながら実際の工事という現実の環境で磨かれてきた．自動化可能な技術は，今後このスキームの中で検証しながら適用されていくことになると考えている．この意味から，無人化施工技術に関する研究は，さらなる発展の可能性を秘めているといえる．また写真のように作業の専門外の学術研究者などが容易に体験することができることは，様々な研究開発分野で広く発展する学問としての可能性を強く感じるものである（**写真5.9**）

写真5.9 見学者による施工体験状況

〈参考文献〉

1) 内閣府：Society 5.0 - 科学技術政策，https://www8.cao.go.jp/cstp/society5_0/（2024年10月21日 閲覧）
2) 無人化施工協会技術委員会：無人化施工の推移と展望，建設の施工企画，P6，2006.11
3) 国土交通省九州地方整備局雲仙砂防管理センター：雲仙で誕生した先進事例 無人化施工，http://www.qsr.mlit.go.jp/unzen/sabo/performance/advances01.html（2024年10月21日 閲覧）
4) 藤野健一：無人化施工の現状と展望，建設機械，3月号，pp.1-6，2003
5) 松井宗廣，田村毅：無人化施工のあゆみ，sabo，Vol.125，pp.2-P7，2019，
6) 新田恭士ら：「超長距離無人化施工技術の適用性に関する考察」，第13回建設ロボットシンポジウム，2012
7) 北原成郎他：北股地区河道閉塞緊急対策工事無人化施工，建設機械施工，Vol.66，No.4，pp.46-P52，2014.4
8) 総務省：電波利用ホームページ，無人移動体画像伝送システムについて，ドローン等に用いられる無線設備について，https://www.tele.soumu.go.jp/j/sys/others/drone/（2024年10月21日 閲覧）
9) 建設無人化施工協会：無人化施工とは，http://www.kenmukyou.gr.jp/（2024年10月21日 閲覧）
10) 建設無人化施工協会 技術委員会：雲仙普賢岳火山砂防事業における無人化施工の最新技術，建設の施工企画，pp.48-52，2011.10
11) 坂西浩二，野村真一，北原成郎：最新の無人化施工技術とi-Constructionで挑んだ阿蘇大橋地区斜面防災対策工事，平成29年度 建設施工と建設機械シンポジウム論文集，pp.11-16，2017
12) 瀧島和則，松林勝志，山下晃弘，飛鳥馬翼，古川敦，北原成郎：自然災害現場の復旧にあたる遠隔操作式建設機械の操作向上に関する研究，建設施工と建設機械シンポジウム論文集・梗概集，pp.31-34，2019

第6章 維持管理における建設ロボットの開発と活用

- 6.1 開発の歴史と社会背景
- 6.2 橋梁点検におけるロボット技術
- 6.3 トンネル点検におけるロボット技術
- 6.4 研掃作業におけるロボット技術
- 6.5 下水道におけるロボット技術
- 6.6 橋脚水中部の調査におけるロボット技術
- 6.7 本章のまとめ

第6章 維持管理における建設ロボットの開発と活用

　高度成長期，日本中で社会活動と人々の生活を支えるインフラが整備された．数十年の時を経てそれらのインフラが一斉に劣化してきている．一方で人口減少社会を迎え，建設業の人手不足は年々深刻な状況になっている．インフラの補修，補強，更新などの維持管理業務における省人化と効率化はこれからの日本社会にとって避けて通ることのできない道といえ，ロボット技術の活用には大きな期待が寄せられている．本章では，インフラの維持管理業務において導入が進むロボット技術を紹介する．

◆ 6.1 開発の歴史と社会背景

　インフラの維持管理では，上・下水道管や橋梁など人が近づくことが難しい箇所の調査や補修を行うケースが多く存在する．また，地域や時代による多種多様な構造物は，一元的な管理手法での対応や損傷判定が困難なため，これまでは人力に頼った維持管理が行われてきた．ただし，これらは，インフラの老朽化が進む以前の体制であり，場所によっては定期的な点検が行われず，点検を行った際も遠望目視のみで点検が済まされるケースも多く見受けられた．

　しかしながら，近年ではインフラの老朽化が進んでおり，高度成長期（1955～73年頃）以降に整備された道路橋やトンネル，河川管理施設，上・下水道，港湾施設などは建設から50年以上を経過する施設が急速に増加する状況にある．インフラの老朽化は機能を損なうだけでなく，地震や台風などの自然災害の多い日本においては自然災害に起因してインフラの崩壊事故の原因にもなり得るため，適切なタイミングで維持管理・更新を行っていくことが重要である．

　日本では，2012年に発生した中央自動車道の笹子トンネル崩落事故を機にインフラの維持管理が社会的に注目されるようになった．国土交通省は2013年を社会資本メンテナンス元年と位置付け，道路法を改正し，すべての橋梁・トンネルに対して5年に1回の頻度で近接目視による定期的な点検を基本とするなど，適切な点検による現状確認およびその結果に基づく適確な修繕を実施，さらにこれらの取り組みを戦略的・計画的に進めるためのPDCAサイクルの要となる長寿命化計画を推進する動きが始まったところである．

　これら老朽化するインフラを点検・診断する新技術の開発・導入についても動きがみられ，劣化・損傷箇所の早期発見等に繋がる点検・診断技術の開発・導入のうち，非破壊検査等については，2013年度から新技術情報提供システム（NETIS）等を活用し，公募による現場での試行と評価を実施するなど新技術の現場実装，普及促進の取り組みが進んできた．また，ロボット技術については，維持管理等のニーズや分野を明確化するなど実用化に向けた方策を検討するため，2.1節で紹介したように2013年度に「次世代社会インフラ用ロボット開発・導入検討会」を開催，2014年度には「次世代社会インフラ用ロボット現場検証委員会」が設置され，現場検証と評価を実施し活用と開発の両面が促進されるようになった．ところが，多くの地方自治体で，維持管理費に充てられる財源は1993年度の約11.5兆円をピークに減少し，最近ではピーク時の約半分の予算で対応している自治

体もある．加えて，地方自治体における技術系職員も減少傾向にあり，技術系職員が5名以下の市町村が全体の約5割を占めており，土木系の職員が一人もいない自治体も存在するのが実態である．また，民間企業も，点検や維持管理・補修を行う熟練技術者の減少が顕著であり，後継者の育成も進んでいない．

インフラの維持管理は，老朽化に限らず，維持管理費の財源不足，技術系職員の減少，熟練技術者の減少という課題を抱えており，これらすべての課題に対処して初めて既設インフラの維持管理や中長期的な防災・減災への対応が可能となる．

これらの情勢を踏まえ，近年，維持管理分野にもロボット技術への関心が高まっている．過去にはさまざまなロボットや自動化技術が導入されてきたが，それらを総括的に整理し，維持管理での有用性や今後の技術開発の方向性を示すことは行われていなかった．特に維持管理の分野でのロボット技術の導入は調査や点検を目的とするものが多く，補修や補強作業を行うことのできる自動化技術はあまり見られなかった．

しかし，最近ではAI技術，センサ技術，ロボット技術，非破壊検査技術等を活用し，劣化や損傷状況等の様々な情報を把握・蓄積・活用し，調査・点検，補修・補強作業の自動化を目指した技術開発が日本国内でも研究機関や産業界を中心に進められている．これらの技術を維持管理に活用することで，インフラの安全性・信頼性や業務の効率性の向上等が図られることが期待される．

もう少し具体的にインフラの維持管理の現場に目を向けてみることにする．上・下水道管や山間部の橋梁など人が近づくことが難しい箇所の調査や補修を行う場合，あるいは広範なエリアにおいて単調な調査や作業を長時間にわたり繰り返さなければならない場合などロボットの導入が効果的である場面が多い．都市部においては，経済活動を止めないために日中はインフラを機能させながら狭い作業環境での維持管理への従事や，夜間に集中して作業を行うなどの過酷な労働環境の実態が窺え，労働環境の改善の観点でも早期にロボット化の技術導入が求められる状況にある．また，安全・安心なインフラを維持するために必要な働き手の確保という観点では次の課題が考えられる．

① 少子高齢化に伴う生産年齢人口の減少
② 主要都市部への人口集中による地方都市の過疎化
③ 働き方改革による一人あたりの総労働時間の厳格化

これらの課題を踏まえて，限られた人員と時間の中で同レベルの品質を確保するため，生産性の向上が求められており，ロボット化の需要は高まる一方である．以下に，これまで日本国内で導入された維持管理のロボット化や自動化・効率化の技術を紹介する．

6.2 橋梁点検におけるロボット技術

最初に橋梁の点検手法を紹介する．国土の狭い日本では，山岳部に道路を建設する必要があり，必然的に橋梁やトンネルが多数存在する．日本の道路橋の定期点検要領には，「近接目視により行うことを基本」とし，「必要に応じて触診や打音等の非破壊検査等を併用して行う」ことが定められている．これまでの，橋梁に関する近接目視ならびに打音点検は，橋梁に足場を組み，人が点検を行うといった，時間とコストが掛かる手法で行われてきた．そのため，対象物の近接目視の代替

えができるシステムならびに打音検査の代替えができるシステムが求められる．

また，これまでは橋梁点検車を用いた点検も行われてきたが，点検時に片側車線を占有してしまうといった問題や点検可能な領域が限られるという問題も存在した．そのため，これらを代替えする橋梁点検技術が求められる．このような問題に対し，ここではドローンを用いた点検ならびにワイヤを利用した移動機構による点検といった二種類のアプローチを紹介する．

まず，ドローンを用いたアプローチについて紹介する．ドローンを用いた橋梁点検は，足場を組まずに近接撮影を行うことが可能であるため，点検業務の効率化が期待されており，近年は実点検業務にもドローンの活用が始まっている（**写真6.1**）．このドローンで取得した画像データから橋梁の三次元データを作成し，それをもとに復元を行うことで，橋梁に発生している損傷箇所や損傷程度を把握し，橋梁点検調書の作成支援が行われている[1]．

写真6.1 橋梁の近接目視点検をドローンに代替え

ただし，橋梁のまわりは気流が不安定であり，適切な距離を保ったフライトを継続することは，オペレータの操縦の技量に大きく依存することとなる．また，通常のドローンでは打音点検が不可能であるという問題も存在する．

そこで，構造物に接触して移動しながら近接画像を撮影可能な二輪型ドローンを用いた点検ロボットシステムが開発された[2]．このドローンは，左右に軽量の大型車輪を搭載しており，通常飛行により，橋脚や床版といった点検対象箇所まで移動した後，点検対象に車輪を押しつけつつ，移動しながら近接撮影を行う．これにより，カメラと対象物との距離を一定に保ちつつ，構造物表面の精緻な画像を安全かつ効率的に撮影することが可能となった．さらに，この技術で取得した画像情報をもとに画像の3次元合成を行い，0.1mm幅のひび割れの三次元スケッチが可能となった[3]．

一方，ドローン上部に駆動車輪を搭載した飛行型点検ロボットも開発された．このロボットは**写真6.2**に示す通り，床版下部まで飛行して本体を押しつけ，上部に取り付けた駆動車輪で床板上の走行を行う．その間，上部に搭載した打音検査装置ならびに視覚センサを用いて，床版の近接撮影と打音検査を同時に実施することが可能である．

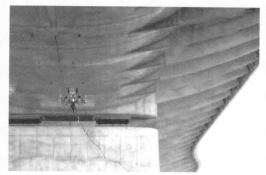

写真6.2 飛行型点検ロボットと床版点検の様子

また，球殻フレームを用いたドローンも開発された[4]．この機体は**写真6.3**に示すように内側のドローンがカーボンで製作した軽量の球殻で覆われており，この球殻をジンバルで支えるため，ドローンと独立に球殻が壁面などに接することができる．これにより，内部のドローン本体は橋脚や床板に接触することなく，物体の近接を飛行することが可能となる．この機構により，構造物への接近や狭隘部への進入を安全に行うと共に，搭載された近接点検用カメラにより，移動しながらの近接撮影が可能となった．

写真6.3 球殻ドローンによる点検の様子

以上に示したように，近年，様々な分野に活用が期待されているドローンを利用することで，橋梁点検の代替が期待できる一方，解決すべき技術的問題も少なくない．一つ目の大きな問題は動作時間である．ドローンは飛行に大きな電力を必要とするため，一般に，ガソリンエンジンを利用した無人ヘリコプタと比較し飛行時間が短い．近年，電池の改良やドローンの大型化により，飛行可能時間は増加傾向にはあるが，上記のドローンはカメラの他に大型車輪や球殻といった追加装置を搭載しているため重量が大きくなり，飛行時間は短くなる．もう一つが，先にも述べた風の問題である．一般に，橋梁付近では，平地と比較して強い風が吹くが橋桁周辺の気流は不安定である．橋桁内を調査するためには，不安定な気流の中を飛行し，目的地に進入する必要があるため不安定な風の中でも物体に接触しない制御が必要となる．

近年は，搭載したカメラを用いて障害物を認識し，障害物との衝突を回避する機能を搭載したドローンの商用化[5]も行われており，一部，実目視点検でも活用が始まっている．このドローンの

特徴は，機械的な仕組みにより，回転翼と物体との衝突を避けるのではなく，センシング技術と制御技術を用いて「衝突しない」飛行を実現している点にある．これにより，ドローンの小型軽量化が可能となるため，飛行時間を長くとれるようになると共に，より狭い環境にも進入することが可能となる．今後も，このようなドローンを用いた点検技術の発展が期待される．

　ドローンには強風時に運用できないという問題があり，これが橋梁点検のネックとなっている．そこで風の影響を受けにくいシステムとして，写真6.4に示すようにワイヤで伸展アーム付き検査装置を吊るし，それを橋梁の下側に走査させるワイヤ駆動型の点検装置も開発された[6]．この装置は，伸縮型カメラアーム付き検査装置を高欄に取り付けるウインチ付き支持ロッド4台から延びたワイヤで吊り下げるものである．このワイヤ長さを調節し，さらに，カメラアームの角度と長さ制御を行うことで，搭載したカメラを床版下のロッドで囲まれた範囲内における任意の位置に移動させることが可能となる．このシステムの最大の特徴はドローンで適用困難な強風環境下においても動作させることができる点である．実際，最大瞬間風速11m/sの強風環境の中で動作確認が行われた実績もある．今後，この種類の技術が広く活用されるためには，点検時間の短縮が大きな鍵になると考えられる．

写真6.4 ワイヤで吊された橋梁点検システム

6.3 トンネル点検におけるロボット技術

　続いて，ロボット技術を活用したトンネルを点検するシステムの一例を紹介する．我が国では，高度経済成長期に建設された道路トンネルの老朽化が進み，2033年には全国の約1万本ある道路トンネルの約半数は建設後50年以上が経過すると言われている．2014年には道路法施行規則の一部が改正され，道路トンネルは5年ごとに近接目視を基本とした状態の把握による定期検査が必要となった．

　このトンネル点検を行う作業者は，長時間の上向きの姿勢による高所作業を行うことから，身体的な負担が大きい．また，打音検査など人の技量に依存することが多いことや，点検により発見された変状位置が手書きで記録用紙に書き写されるため，点検結果にばらつきや間違いが生じることがある．一方，インフラ管理者である自治体においては，技術者や点検費用の不足といった課題も深刻である．

これらの課題を解決するために開発されたトンネル点検システムは，トンネル点検における打音検査とひび割れ抽出の自動化，および点検結果に基づく帳票作成の効率化をはかることを目的としている．トンネル点検システムは**表6.1**に示す各種点検ユニット，および**表6.2**に示す点検ユニットを搭載するベースフレームから構成される．これらを点検場所や用途に応じて組み合わせることにより点検が行われる．以下に，各点検ユニットの概要を説明する．

名　称	機　能
打音検査ユニット	打音検査ロボットにより覆工コンクリートの浮きを自動検出
ひび割れ検出ユニット	覆工コンクリートのひび割れを高精度で自動検出
撮影ユニット	ひび割れ検出ユニットが撮影できない照明などの設備周辺を補完撮影

表6.1 トンネル点検システムに搭載される点検ユニットの種類

名　称	機　能
ガントリーフレーム[i]型	道路の通行を妨げず点検が可能
高所作業車型	高所作業車に点検用アームを搭載し，点検スピードが人の約2倍

表6.2 トンネル点検システムのベースフレームの種類

（1）打音検査ユニット

　打音検査ユニットの外観を**写真6.5**に示す．点検用のハンマを用いて覆工コンクリートを叩く機構が搭載されている．この機構は，劣駆動関節[ii]と揺動スライダクランク機構[iii]を組み合わせることで人が打撃する際の腕の撓りを再現し，人による点検に近い打音を発生できる．マイクにより収音された打音は，高速フーリエ変換（FFT）[iv]とメル周波数ケプストラム（MFCC）[v]によって音響特徴量データ[vi]に変換され，機械学習もしくはクラスタリングによる覆工コンクリートの浮き有無の判定に用いられる（**図6.1**）．打音ユニットによるコンクリートの浮きの検出精度は，試験体を用いた実験によって点検員と同等であることが確認されている．なお，打音検査ユニットにより得られる打音は前述の通り，点検員による打音に近い音である．そのため，点検後でも記録された打音を技術者が聞くことで変状の判定を行うことも可能である．

注 i ）ガントリーフレーム：門型クレーンに用いられる支持構造であり，左右の垂直な脚，水平な梁で構成される．トンネル点検システムでは，左右各2本の垂直な脚とそれらを繋ぐ水平な梁，左右各4輪のタイヤ走行部で構成される．
注 ii ）劣駆動関節：入力に対して出力の自由度が高い機構のこと．一般的に出力の制御は難しい．トンネル点検システムでは，点検ハンマはピン接合の支持部と可動範囲を制限するためのストッパーで構成され，人がハンマを振る際のスナップ動作を再現するために使用．
注 iii）揺動スライダクランク機構：回転運動を一定範囲の角度の揺動運動に変換する機構．トンネル点検システムでは，人がハンマを振る際の腕の動作を再現するために使用．
注 iv）高速フーリエ変換（FFT/ Fast Fourier Transform）：音響や振動のデータをいくつかの周波数成分に分解し，それぞれの大きさをスペクトルとして表すことができる計算方法．
注 v ）メル周波数ケプストラム（MFCC/Mel Frequency Cepstral Coefficient）：人が音を聞く際の周波数の違いによる知覚特性を考慮した重み付けを行った特徴量．人は，可聴域の下限に近い周波数の音は高めに聞こえ，上限に近い周波数の音は低めに聞こえる特徴を持つ．
注 vi）音響特徴量データ：音に含まれる物理的な特徴を数値化したデータであり，音圧，周波数などの物理量のこと．

打音検査ユニットによる打撃は通常200mm間隔で行われる．ここで記録された打音や判定結果には1か所ずつローカルの位置情報が付与されるため，展開図への出力が自動で行える．これにより，従来実施されている現地での変状箇所の記録用紙への書き写し作業は不要となる．

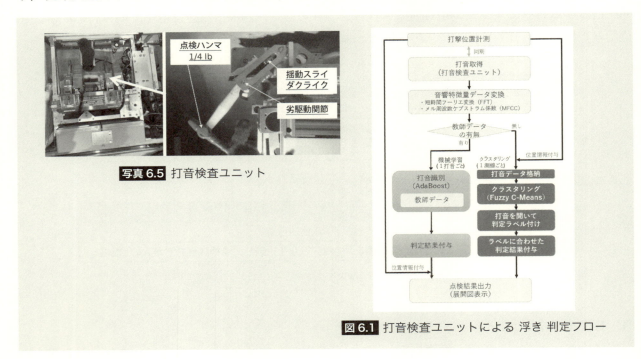

写真6.5 打音検査ユニット

図6.1 打音検査ユニットによる 浮き 判定フロー

（2）ひび割れ検出ユニット

　ひび割れ検出ユニットの外観を**写真6.6**に示す．白色LEDスリット照明を用いた光切断法により，1台のカメラで覆工コンクリートの凹凸を表す距離画像とカラー画像を同時に撮影する．取得された2種類の画像は**図6.2**に示す手順により，両画像にブロブ解析[vii]やガウシアンフィルタ[viii]を使用し，即座にひび割れを検出する．

　2種類の画像によりひび割れ検出処理を行うため，一般的な処理に比べて汚れなどによる誤検出を抑制することが出来る．また，1台のカメラで同時に取得された2種類の画像は，画素単位での照合が容易である．ひび割れ検出ユニットは幅0.3mm以上のひび割れを80％以上の精度で自動検出可能である．

注vii）ブロブ解析：グレースケール画像を二値化処理（ある閾値を基準とし0と1（白と黒）に変換すること）し，その画像を分析する手法．
注viii）ガウシアンフィルタ：画像のノイズを低減する処理．

写真6.6 ひび割れ検出ユニット

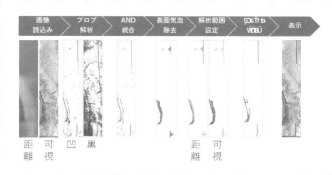

図6.2 ひび割れ検出フロー

(3) 撮影ユニット

撮影ユニットの外観を図6.3に示す．本ユニットはひび割れ検出ユニットで撮影できないトンネル内照明等の設備周辺の撮影に用いられる．TDI（Time Delay Integration）方式[ix]を用いることで，小型の照明でも高解像度の画像を連続的に取得することができ，4台のカメラを使って最大2.4km/hのスピードで撮影できる．また，カメラにジンバルを追加することで，未舗装トンネルの撮影にも対応する．次に，各ベースフレームの概要を説明する．

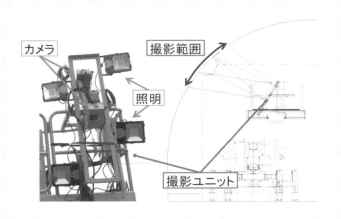

図6.3 撮影ユニット

(4) ガントリーフレーム型

ガントリーフレーム型の外観を写真6.7に示す．ガントリーフレーム型は地方の一般道をターゲットとして開発され，道路種別の第3種に適合するよう，全長は5m，幅は道路幅員に合わせて伸縮が可能なフレーム構造となっている．ガントリーフレーム（図6.4）はタイヤ走行によって坑内を移動するため，道路の構造規格に合わせ全体質量を4tに抑え，最小曲率半径が50mのトンネ

注ix）TDI（Time Delay Integration）方式：被写体の移動に合わせイメージセンサ上の信号を移動させながら撮像を蓄積する技術．少ない照明の下でも，動きのある被写体がぶれずに明るく撮影ができる．

ルに合わせた操舵が可能である．このガントリーフレームの組立や解体は現地作業となる．

トンネルの全断面を一度に点検することを目的としており，フレーム内側には大型車が通行可能な空間を有する．これにより点検時に必要となる自動車等の交通規制を大幅に削減することが可能となる．また，天頂部は**写真6.8**に示すフレキシブルガイドフレーム[x]が採用され，様々なトンネル形状への対応，および坑内の照明・標識等の設備を回避しながら点検作業を行うことができる．

各点検ユニットは，フレキシブルガイドフレーム上の移動機構，および左右のガイドレール上の移動機構に搭載される．点検ユニットをトンネルの周方向に移動させながら点検を行う．1測線の点検完了後にガントリーフレームを次の点検位置まで走行させ，一連の動作を繰り返すことでトンネル全体の点検が行われる．点検スピードは最大130m^2/hである．

写真6.7 走行式ガントリーフレーム型

写真6.8 フレキシブルガイドフレームによる標識回避

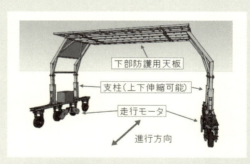

図6.4 ガントリーフレーム

（5）高所作業車型

高所作業車型の外観を**写真6.9**に示す．市販の高所作業車に点検用アームを搭載したものである．点検用アームの先端に点検ユニットを搭載し，点検1側線あたり800～1200mmの幅でトンネル延長方向に点検が行われる．

点検用アーム搭載型を用いた点検時には片側交互通行規制が必要となるが，高所作業車を走行させながら点検が行えるため，点検スピードは走行式ガントリーフレーム型よりも8倍速い最大1,150m^2/hである．なお，点検ユニットは前述のものに加えレーダアンテナを搭載することで，覆工背面探査への適用も試行が進められている．

注x）フレキシブルガイドフレーム：可変形状トラス構造のこと．上部をヒンジで連結された各トラスの下端部を伸縮可能なアクチュエータにより連結することで，剛性を保ちながら任意の形状に変形可能な機構となる．

写真6.9 高所作業車型

最後に，トンネル点検システムと従来点検を比較した実証実験の結果を紹介する．この実証実験は，1999年に築造された片側1車線，延長109mの供用中トンネルを対象に，高所作業車型を用いた点検結果とその数年前に実施された定期点検の結果を比較したものである．点検により検出された変状や作業効率などが検証された．

図6.5は，トンネル点検システムで検出された変状と，定期点検の結果を重ね合わせたものの一部である．この結果，トンネル点検システムでは変状の見落としはなく，新たな変状を検出した．なお，変状位置の差異は平均で十数cm程度であった．

点検効率の検証では，点検システムを使用することで現地のトンネル作業では5人工，点検調書作成作業では4人工の削減が図られることが確認された．

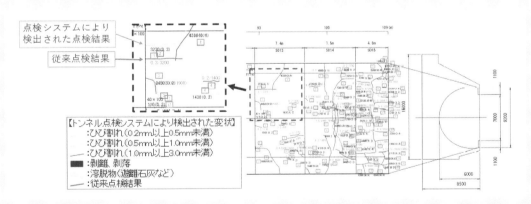

図6.5 点検システムと従来点検の変状比較

以上のように，トンネル点検システムを活用することによる点検作業者の身体的な負担軽減と作業の効率化，点検データのデジタル化による精度向上と生産性向上が期待される．なお，ここで紹介したトンネル点検システムは，2.2.3節で紹介した内閣府総合科学技術・イノベーション会議の「SIP[xi] インフラ維持管理・更新・マネジメント技術」（管理法人：NEDO）による研究成果の一部である．

注xi）SIP：平成26年度から開始された，内閣府が主導する戦略的イノベーション創造プログラム（Cross-ministerial Strategic Innovation Promotion Program）のこと．

6.4 研掃作業におけるロボット技術

　続いて，研掃作業のロボット化に関する取り組みを紹介する．既設コンクリート構造物の補修・補強工事では，新設コンクリートによる部材の増厚や繊維シート接着等が実施される．研掃作業とは，その前処理として行われる既設コンクリート表面の脆弱層，劣化塗膜の除去および目荒し等の作業を指す．通常の研掃作業では，ディスクサンダ，ウォータージェットやサンドブラスト等の工具を用いて人力で行われる．

　この人力による研掃作業は，高所作業車等の上で，**写真6.10**に示すように作業員が天井を見上げたり，壁や柱へ乗りだすような無理な姿勢で行われ，粉塵等が飛散した劣悪な環境での施工となっている．そのため，作業員の技量差に起因する処理面仕上がりのバラツキによる品質の低下，発生したミスト・粉塵による作業環境の悪化，高所での無理な姿勢で重い動力工具を用いた作業による安全性の低下と作業効率の低下等の問題が指摘されている．これらの問題に対応するためにウォータージェットを用いる湿式の研掃装置と切削ディスクを用いる乾式の研掃装置が開発され，実適用されている．**図6.6**，**図6.7**に，水圧200MPa以上のウォータージェットを用いる湿式の研掃装置の概要図を示す．

写真6.10 人力による研掃作業状況

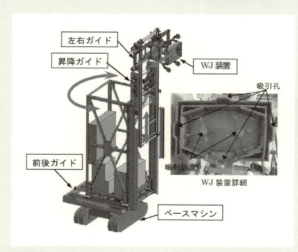

図6.6 ウォータージェットによる壁・柱用湿式研掃装置

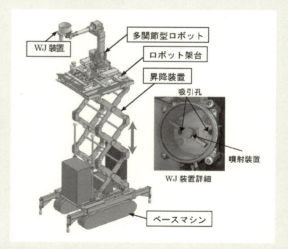

図6.7 ウォータージェットによる天井用湿式研掃装置

壁・柱用と天井用の2種類である．ウォータージェット装置をコンクリート表面との離隔を一定にした状態で，設定した一定速度で研掃できるため安定して均一な仕上がり面となる．また，ウォータージェット装置の外枠に設置したブラシおよび吸引機により発生する粉塵やミストの飛散を防止する．

これらの研掃装置は最大施工高さ6.5mまで対応でき，作業員が地上からコントローラにより操作するので高所作業を行う必要がない．図6.8に示すように，WJ装置を手動操作により移動させることで研掃範囲の始点と終点を教示すると自動で研掃作業が行われる．自動運転1回あたりの最大施工面積は壁・柱用が10.8m^2，天井用が6.6m^{2}である．写真6.11に湿式研掃装置の施工状況例を示す．

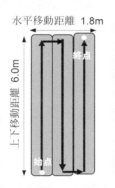

図6.8 壁・柱用湿式研掃装置の1回の自動運転による施工可能範

写真6.11 人力施工と湿式研掃装置による施工状況

次に，切削ディスクを用いる天井用乾式研掃装置（以降，乾式研掃装置）を紹介する．乾式研掃装置は，規制して作業する隣の車線を一般車両が走行するため，水（ウォータージェット）の飛散の恐れがある道路トンネルや鉄道施設のように湿式研掃装置の使用が制限される工事を対象に開発された．写真6.12に，ケレン機（コンクリート面に回転する研削ディスクを押し当て，研掃する機械部分），架台，鉛直ジャッキから構成される乾式研掃装置を示す．この乾式研掃装置も地上からペンダントスイッチで操作することができ，高所での人力作業が不要である．研掃時は，自動運転により，回転する切削ディスクをコンクリート面に一定圧で押し付けながら，ケレン機が走行方向の架台上を設定した速度で走行しながら研掃する．走行直角方向への移動は，ケレン機が載った走行架台ごと横行架台上を移動させる．また，飛散防止枠および粉塵吸引孔から吸引することにより，研掃時に発生する粉塵の飛散を防止する．運転1回あたりの最大施工面積は4.2m^{2}である．

写真6.13に乾式研掃装置を荷台昇降車に搭載した状況を示す．作業床が5mまで昇降できる荷台昇降車に搭載することにより最大7mの天井高さまで研掃可能である．荷台昇降車は荷台を上昇したまま移動できるため，夜間作業等の作業時間が短いリニューアル工事において盛替え時間を短縮できるメリットがある．なお，乾式研掃装置をトロ台車に載せることにより地下鉄や，ケレン機と走行架台を小型移動台車へ搭載することにより小断面の暗渠に適用した実績もある．

写真6.14に道路トンネルにおける施工状況を示す．写真6.15に研掃面を人力施工の場合と比較して示す．研掃対象はコンクリート表面に付着した供用後の排気ガス等の汚れとレイタンス除去で

ある．人力施工では，黒い汚れが除去できていない部分が多くみられる．一方，乾式研掃装置による仕上がり面は，人力の研掃よりも均一かつ確実に研掃できており，仕上がり面の品質が向上している．

この現場における施工効率は，人力施工が平均$11.1m^2/h$であった．ただし，この人力施工の施工効率は，作業時間6時間として，作業員3人からなる1班あたりへ換算したものであり，準備・撤去・休憩時間を含んでいる．これに対し，乾式研掃装置の施工効率は，準備・撤去・休憩時間を含め平均$15.2m^2/h$であり，約1.37倍の効率の向上が確認された．

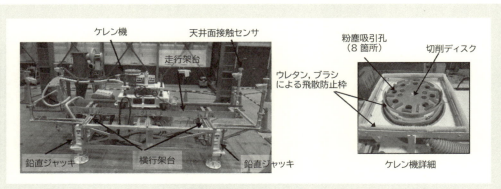

写真6.12 乾式研掃装置

写真6.13 乾式研掃装置の車両構成例

写真6.14 乾式研掃装置による施工状況

写真6.15 乾式研掃装置と人力施工による仕上がり面

以上のように開発された湿式および乾式の研掃装置は，従来，無理な姿勢で重たい動力工具により作業員が行っていた研掃作業を自動運転で行うことができ，処理面の品質に大きく影響するコンクリート表面との距離および研掃機の移動速度を一定にすることができるため，人力施工と比べ，処理面仕上がりの品質の均一化とともに，高所での人力作業がなくなることによる安全性の確保および作業効率の向上が図られる．また，発生した粉塵やミストを吸引して飛散を抑止することができるので作業環境が改善される．

6.5 下水道におけるロボット技術

続いて，下水道分野の維持管理におけるロボット技術の取り組みを紹介する．東京都の事例から，下水道事業におけるロボットの活用状況と，今後の展開が期待されている技術を紹介する．

日本では，1884年に下水道の整備が開始されたが，2021年度末には下水道人口普及率が80％を超え，約49万kmにも及ぶ膨大な延長の下水道管が管理されている．このうち，標準耐用年数50年を経過した下水道管の延長は約3万km（総延長の6％）となっているが，高度経済成長期以降に整備した大量の下水道管が今後一斉に標準耐用年数を迎えるため，このまま改築を行わないと，耐用年数を超える下水管の延長は，10年後には9万km（18％），20年後には20万km（41％）と急速に増加する．

老朽化した管路施設は破損等により道路陥没事故の原因となる．実際に，下水管の破損に起因する道路の陥没事故は，2021年度には年間約2,700件と多発しており，深刻な問題となっている．膨大なストック量を有する下水道管について，より効率的・効果的な点検・調査やそれらに基づく修繕・改築を行うことが必要不可欠となっている．このような背景のもと，下水道管の構造的な制約や施工環境等の条件に対応した調査や維持管理に関するロボット技術の開発と活用がなされてきた．

下水道管の調査では，破損，クラック，継手ズレ，腐食等の劣化度や流下能力に影響を与える上下方向のたるみ，取付管の突出し，油脂の付着，樹木根侵入，モルタル付着，地下水の浸入ならびに土砂の堆積状態等を視覚的に調査し，下水道管の状態を把握する．

従来は，内径800mm以上の下水道管を対象に**写真6.16**に示すように目視による調査を行っていたが，内径800mm未満の下水道管については，調査員が下水道管内に入れないため，ロボット技術の開発が求められていた．そこで，当初は下水道管内の前方を撮影するアナログ方式のテレビカメラが開発され，管路内調査を行ってきた．東京都では，さらに調査を効率的に進めるため，**写真6.17**に示すようなミラー方式テレビカメラを導入している．

写真6.16 下水道管路の目視調査

写真6.17 ミラー方式テレビカメラ

導入のきっかけは，従来のアナログ方式のテレビカメラでは以下のような課題があったことによる．

(1) 調査面での現状と課題

1) 使用するビデオカメラの性能や機能のほか，オペレータの技量の差により調査結果にバラツ

キが生じやすい．
2) 従来のアナログ方式のテレビカメラでは微妙な色合いや画像の解像度が低く，細かい損傷を見逃すケースがある．
3) 従来のアナログ方式のテレビカメラでは異常箇所を発見した場合，テレビカメラの走行を一時停止し詳細な観察を必要としたため，現場調査時間が長くなる．

(2) 情報管理面での現状と課題
1) 画像情報がビデオテープに収録されることから必要な情報を検索するのに時間がかかる．
2) 画像情報に調査時に調査結果を手作業で入力しており，調査結果だけの検索を行うことができない．

これらの課題解決のため東京都では，2000年度より技術開発に取り組み，デジタル化したミラー方式テレビカメラを開発し，2010年度からミラー方式のテレビカメラによる管路内調査に全面的に移行している．ミラー方式テレビカメラは，360度の視野を持つテレビカメラにより停止することなくマンホール間の下水道管の内壁面を撮影し，その撮影したデジタルデータは管きょ検査診断支援システムに取り込み，損傷判定を行っている（**写真6.18**）．このカメラは直進撮影のみで，管内壁面の正対画像を捉えるために，特殊なミラー（主鏡・副鏡）をカメラヘッドに装着している．内壁面画像は，まず主鏡で捉え，次に，副鏡を経由してカメラに取込み，デジタル信号でテレビ画面に結像させる．

写真6.18 ミラー方式カメラによるビデオ画像と展開画像

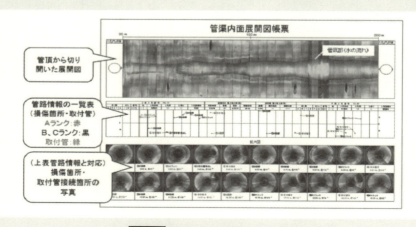

図6.9 展開図と調査結果の例

ミラー方式テレビカメラ調査に移行したことにより，現場での作業時間の短縮が可能となったとともに，損傷判定を半自動化する（半自動診断システム）ことにより判定の個人差によるばらつきが少なくなり成果品の品質が向上した．また，撮影データがデジタルデータのため，管路内壁面の状況をデータベース化して台帳情報に付加することにより，図6.9に示すようにマンホール間の管きょ状況を展開図化して表示した帳票が容易に検索できるようになった．現在は，下水道管路内を撮影した画像をもとに，損傷箇所を，AIを活用して自動判定する試みもなされている．

続いて，管路更生工法（SPR工法）[xii]について紹介する．下水道は日常生活に欠かせないインフラであり，その使用を中断したり道路を掘り起こしたりすることなく更新することが望ましい．SPR工法は，このような背景のもとで，下水道を供用したままの状況でその内側に新しい管路を布設するという管路更生工法を世界で初めて開発・実用化したものである．

この工法は，図6.10に示すように特殊塩化ビニル樹脂の帯状部材で作ったプロファイルを製管機により既設管の内側にスパイラル状に布設し，既設管とのすき間に特殊モルタルを詰めることによって管路を更生させる方法である．

施工においては，製管機をマンホール内に固定し，地上からプロファイルを製管機に送り込んで，スパイラル状に製管しながら既設管路内に挿入することにより人が管路内に入らずに施工を行うことができる元押式（図6.11）と，製管機をマンホール内または管路内に設置し，地上からプロファイルを製管機に送り込んで，スパイラル状に製管しながら製管機が管路内を自走していく自走式が開発されている．この工法は，250mmの小口径から6,000mm級の大口径まで対応し，写真6.19に示すように円形に加え矩形や馬蹄形，卵形等，断面形状に合わせた施工を実現している．また，管きょに多少の曲がりや段差があっても施工可能である．

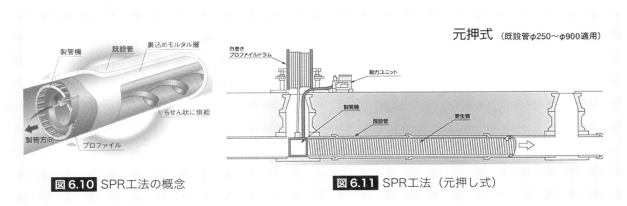

図6.10 SPR工法の概念　　　　図6.11 SPR工法（元押し式）

この工法は，既設管を有効利用でき，地面を掘り起こす必要がなく，下水を流したまま施工できるので，周辺住民や周辺交通への影響を最小限にくい止めることができる．さらに，道路陥没事故の低減，管路の耐震性の向上にも貢献している．

国内ですでに1,415kmにこの工法が使われ，海外での実績も2021年3月末現在で20カ国，169kmにまで広がり，ドイツ，アメリカ合衆国での規格化にも成功している．

注xii）管路更生工法（SPR工法/Sewage(Spirally) Pipe Renewal）：下水道の既設管きょ内を硬質塩化ビニル製プロファイルでスパイラル状に製管し，既設管との空隙に裏込め材を充填して複合管として更生する製管工法．

写真6.19 SPR工法による施工（自走式）

6.6 橋脚水中部の調査におけるロボット技術

続いて，都市高速道路における橋脚水中部の調査機器開発の取り組みを紹介する．

常時没水している構造物等の目視調査は，潜水士によって行われる場合が多い．しかし，潜水作業時間が限られていること，また，警戒船等の仮設備が必要となることからコスト高となるという課題がある．そこで，高濁度で水流のある河川内で，構造物の没水部を容易に可視化（明瞭に撮影）することを目的として水中維持管理ロボット（水中部調査機器）が開発された．

水中部調査機器の特徴は，以下の通りである．

① 軽量（7.5kg）で作業性が優れ，直接目視が困難な構造物に素早く接近し水中部の画像の確認が可能
② 水中で上下，前後，左右，斜め方向の容易な移動が可能
③ 常時モニターが可能

この調査機器は，図6.12に示すように機器の上部にポールを取り付けして人力で機器を水中に沈め，構造物に押し当てながら走査する．また，機器にスラスターを搭載したことにより，上下，前後，左右，斜め方向の微調整を容易にした．カメラの前面にはアクリルボックスを設置して空気層を作り，LED照明を併用して高濁度でも明瞭な画像での撮影を可能とした．画像は，ノートパソコンでリアルタイムに確認することができる（図6.13）．写真6.20に調査状況を示す．

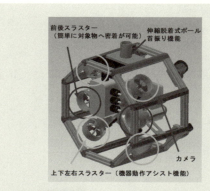

図6.12 水中部調査機器の概要

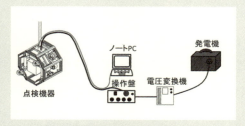

図6.13 調査機器システム

(a) 機器外観　　　　　　　　(b) 調査状況

(c) 調査状況　　　　　　　　(d) 撮影画像

写真6.20 水中部橋脚の調査状況

この調査機器の活用により，潜水士による方法と比較して，常時没水している構造物表面を安価に確認することができる．

6.7 本章のまとめ

以上，国内の維持管理の現場でのロボット化の取り組みの代表的な技術を紹介した．これらの技術は，あくまでロボット化の取り組みの途中段階であり，今後更なる工夫や改良を加えて高機能化していき，近い将来，我々の限られた労働力を支えるツールとなることを期待している．

〈参考文献〉

1) Luce Search inc : https://luce-s.net/
2) Hada, Y., Nakao, M., Yamada, M., Kobayashi, H., Sawasaki, N., Yokoji, K., & Yamashita, A : Development of a Bridge Inspection Support System using Two-Wheeled Multicopter and 3D Modeling Technology. Journal of Disaster Research, 12(3), pp.593-606, 2017
3) TANAKA Fumiki, TSUCHIDA Makoto, ONOSATO Masahiko : Associating 2D Sketch Information with 3D CAD Models for VR/AR Viewing During Bridge Maintenance Process, International Journal of Automation Technology 13(4), pp.482-489, 2019
4) Salaan, C. J. O., Okada, Y., Mizutani, S., Ishii, T., Koura, K., Ohno, K., & Tadokoro, S. : Close visual bridge inspection using a UAV with a passive rotating spherical shell. Journal of Field Robotics, 35(6), pp.850-867, 2018
5) Skydio2＋: https://www.skydio.com/skydio-2-plus-enterprise（2024年4月26日 閲覧）
6) Hibot : Development of Bridge Inspection Robot System Supported by the Provisional and Flexible Scaffolding Structure, https://www.jst.go.jp/sip/dl/k07/booklet_en/47.pdf（2024年4月26日 閲覧）

第7章 我が国の水中建設ロボット技術

7.1 ロボット技術を港湾建設に導入する際の技術的な課題
- 7.1.1 波と流れの存在
- 7.1.2 自己位置の計測と通信環境の課題
- 7.1.3 視界の確保の課題
- 2.1.4 動力源の確保の課題

7.2 水中建設機械の発展
- 7.2.1 水中バックホウ
- 7.2.2 水中バックホウの導入事例
- 7.2.3 遠隔操縦式水陸両用ブルドーザ
- 7.2.4 水中捨石均し機

7.3 港湾施設の維持管理における点検作業のロボット化
- 7.3.1 港湾分野における施設の点検と診断に関するガイドライン
- 7.3.2 桟橋上部工の点検診断作業へのロボットの活用事例

7.4 周辺状況の変化
- 7.4.1 サイバーポート
- 7.4.2 メタロボティクス構造物

7.5 展望とまとめ

第7章 我が国の水中建設ロボット技術

　我が国は世界第6位という長い海岸線を持ち，海外との物流・人流のすべてが海または空を経由する．このため，これを支える港湾は993を数え，その建設，維持管理，改修などに対して，労働力の確保と生産性の向上のため，水中建設ロボット技術が研究開発されている．本章ではその事例や展望について述べる．

7.1 ロボット技術を港湾建設に導入する際の技術的な課題

　一般に水中での工事は，陸上の工事に比べて遙かに難しい場合が多い．補説では，水中工事が実施困難である諸要因について解説する．

7.1.1 波と流れの存在

　我々がロボットを海中や海上の工事や作業に適用するには，陸上とは異なる高い壁を乗り越える必要がある．その壁は，波と流れである．陸上であっても強風，豪雨など気象の影響は建設現場で大きな支障となる．しかし，水中ではその媒質の比重が1.0を超える水や海水であるために，波や流れによる波力，流体力は，水中で作業する建設ロボットに対して大きな抗力，場合によっては破壊力として働くこととなる．また，浮力も働くために，自重で安定してその場に留置できる海象条件も限られる．このために，水中建設ロボットはこれらの力に対抗する工夫が必要となる．また，操作中には常に自己の本体が外力によって揺動することを想定しなければならない．

　特に航行型の機体では，波による振動で上下左右に繰り返し揺らされる．また，潮流力はこれに見合う出力のアクチュエータを持たなければ航行が不能となる．このため，水中ロボットはその力を流体力学によりいなす形状や高出力のアクチュエータが必要である．また，流れの影響を受けて非線形な蛇行などになる航跡を考慮した制御（フィードフォワード，フィードバックなど）が必要となり，簡単なシステムでは実効性がない．

　風と同様に，局所的な波の動的な解析は難しい．特に作業対象となる構造物の周辺では，対象構造物それ自体および周辺の構造物による反射，海底の凹凸による収斂や拡散などによる多元的な波の重なり合いや，定常的に入り込む自然波だけではなく，航跡波などによる時系列的に離散的な現象となるような，形成要因の全く異なる波も混合しており，現象が複雑すぎて，解析することが困難である．また，港湾構造物の中には，あえて波を複雑に破壊してエネルギーを吸収して波の力を防ぐものもある．このような構造物であるスリットケーソンなどの近くでは，そのロボットは全く予想できないタイミングと方向の波力を受けることになる．潮流についても同様に，構造物による流れの向きや速度の変化，波のエネルギーが変換された結果としての流れの発生，ごく薄い深度方向のプロファイルの変化など，複雑となる．

7.1.2 自己位置の計測と通信環境の課題

　水中では電磁波が吸収されるために，通信などの手段としては，電波をほとんど使用できない．このため，陸上で当たり前のように活用され，遠隔操作のキーポイントともなっている無線による映像の情報やリアルタイムのオペレーションが水中では大きな課題となる．たとえ自律型のロボットであるAUV（Autonomous Underwater Vehicle）といえども，ロボットとのコミュニケーションが絶たれる状況では管理監督ができない．このために必要となる高容量の通信は無線で確保することが現状では困難な状況である．水中での通信は一般的に水中音響技術を用いるが，1Mbpsの容量の確保さえ難しいという現状である．

　また，陸上では人工衛星を使ったGNSSや，レーザーや光学機器の測量器による精度の高い位置出しができるが，水中では衛星を捕捉する（電波を受ける）ことが困難であり，GNSSを直接活用できず，また，光学機器は10mの視距離も確保しにくい．このため，現在のところは，水中音響による位置出しシステム（SSBL，LBLなど）や計測装置を使用せざるを得ない．

　上記のとおり，水中では，通信については容量と品質で，位置出しについては精度と手間で陸上の環境とは比べられないほど劣悪な状況である．このため，建設作業のような複雑な作業で水中ロボットを使うためには，ケーブルで通信容量とリアルタイム性を確保する必要がある．また，単純な画像取得による調査や点検作業では，ロボットに求められる自己完結性のレベルが高くなる．

7.1.3 視界の確保の課題

　水中は，陸上と異なって，我々は広い範囲を見渡すことができない．人々がきれいに透き通った海水だと思っても，多くのプランクトンやその死骸，肉眼では見ることができないような微小な物質で満たされている．また，水それ自体に，可視光を吸収する性質がある．このため，水中では少し距離があるだけで，色が乏しく，コントラストが低く，当然解像度も低い画質となる．一般的には10m程度の良好な視距離さえ確保できない．

　施工にあたっては水中であっても様々な作業が必要であるため，作業のたびに海底の微小なシルトや生物由来のパーティクル，場合によっては大量の砂などを巻き上げてしまう．これらにより視界はある時間完全に失われる．人による作業は，視界を得られることが最も重要な条件であり，視界がなければ水中作業は非常に困難になる．

　このため，音響技術による計測と可視化映像を得る技術が研究されている．しかし，その画像には物体の色の判別はなく，現状では数cmレベルの解像度の画質を得るのが精いっぱいである．また，分解能を上げるために周波数を上げれば，遠くは見えなくなる．さらに，港湾構造物の建設現場では水深が10m〜20m程度が多いため，水面からの反射，構造物からの反射，海底からの反射のマルチパスの問題を解決する必要がある．

　こうした環境により，たとえ身近な港やその近傍の湾内でも，詳細な海底の起伏のマップはなく，さらにその地盤が頑丈なのか，沼のように弱いのかも，海底を直接調査するまで分からない．

7.1.4 動力源の確保の課題

　水中で込み入ったミッションを長時間にわたってやり遂げられるのは，今のところ潜水艦だけで

あろう．陸上では，我々はエンジンにより，あるいはエンジンによる発電機により，容易に大出力の作業機械を使用できる．しかしながら，水中でエンジンを使うことは容易ではない．酸素を含んだ燃料との混合気を作り燃焼する機関を水中で用いるには特殊な機構が必要となる．

このため，水中施工で大出力が必要な場合は，電力ケーブルで作業機械に陸上から給電することによりその動力を得ている．しかし，現在は性能の良い電池の開発が進んでいることから，将来はこの問題は解決できるかもしれない．電池の充電については，水中非接触充電システムが開発されるなど，環境は整いつつある．将来的に水中の動力源としては，アクチュエータは電動モーターで，給電については2次電池の活用が有望とみられる．

7.2 水中建設機械の発展

日本では，港湾をはじめとした水中工事は，従来，潜水士の手作業によって行われてきた．作業内容は，重量物の移動など，負荷の大きな作業が多い．また，水流や水圧により安全確保が難しいことも課題となる．そこで，機械を使った施工が要望されてきた．

そのため，一部の工種では，現在，船舶からの施工が多く行われている．しかし，コストの問題や作業性の問題から潜水士作業をなくすまでには至らない．また，暗渠の中や大水深，被災現場は船舶によるアクセスが困難で，作業効率の低下や，場合によっては作業実施が不可能となる．これらの現場では，潜水士による作業も困難である．

そのような環境下での作業のために，前節で紹介した水中工事特有の困難さはあるものの，一部では，水中用建設ロボットが開発されることがある．本節では，その事例を紹介する．

7.2.1 水中バックホウ

(1) 開発の経緯

港湾をはじめとした水中工事は肉体的負荷の大きな作業が多く，潮流の速い場所や大水深下となる現場では，潜水時の安全対策が重要な課題となる．そこで，機械を使った施工が要望されてきた．そのため一部の工種では，専用船からの施工が行われているものの，コストの問題や，作業性の問題から潜水士作業を無くすまでには至っていない．また正確性が求められる均し作業や，暗渠での作業の場合，船舶からの作業では対応が困難となる．

そのような環境下での作業のため，主にバックホウ型の水中建設機械が開発され，透明度の高い沖縄などでの一部の海域ですでに実用化[1]されている．

例えば機体が完全に水没した状態で動作可能な水中バックホウは，1985年に6トンクラスの水中バックホウ初号機が与那国島の防波堤工事において初施工を行っている．当時の水中バックホウは船上に設置した発動式油圧ポンプで油圧源を発生させており，油圧ホースにより水中バックホウへ作動油圧を供給する方式であった．操縦方式も水中にある運転席に潜水士が搭乗して操縦している（**図7.1**，**図7.2**）．1993年には水中モーターを機体に搭載することで船上からの油圧ホースを排除した電動油圧変換方式の10トンクラスの水中バックホウを製作している．電動油圧変換方式で使用するケーブルは油圧ホースより径が細く，また油圧ホースのような圧力損失も少なくなるため

ケーブルを100mまで伸ばしている．これにより支援台船と水中バックホウ間の距離を延ばすことが可能となり大幅に機動力が向上した．

いままでに実際に製作された水中バックホウの大きさは，3トン，6トン，12トン，20トン，32トンと小型〜中型クラスの機体となっており，日本における実績として30機以上製作されている．

現在の標準的な仕様としては，適応水深-50m，機械大きさは20トンクラス以下が主流となっている．このサイズが主流となった要因は，施工する対象の石の大きさ，潜水士の現場状況における視界，水中の透視度，支援する台船のクレーンの大きさ，施工する場所への陸送方法などの制約を考慮しバランスの良いサイズであるためである．

この水中バックホウは，海中透明度の高い沖縄県において広く利用されており，1995年から2021年の施工は280件以上の実績を有する機械である．

現在，水中バックホウの施工能力は積算基準の参考資料として記載されており，捨て石荒均し（±30cm）の標準歩掛は潜水士と比較して約6.7倍と高い能力を有しているほか，潜水士の肉体的負担が少なく，アタッチメントの交換により様々な作業に対応可能であるなど，潜水士の評価も高い機械である．

しかし，この水中バックホウの作業は作業海域の高い透明度が必要となるため，全国的な普及には至っていないのが現状である．

図7.1 開発中の水中バックホウ（写真は極東建設株式会社より提供）

図7.2 水中バックホウ初号機による作業（1985年）（写真は極東建設株式会社より提供）

(2) ICT型水中バックホウの開発

　水中バックホウのさらなる効率化や透明度の低い海域での利用を想定し，水中の作業状況をオペレータに呈示するICT型水中バックホウ（**図7.3**）の開発がすすめられている[1),3)]．たとえば作業目標となる設計図面や機体姿勢などを表示するマシンガイダンスに加え，ソナーで計測した周辺のマウンド形状（**図7.4**）や，他の作業船や支援台船の位置方位など，作業に必要な情報をグラフィカルに呈示することが可能となっている．このような操作者の認識力を補助するシステムが，目視による作業状況の認識が困難となる水中作業において使用されつつある（**図7.5**）．

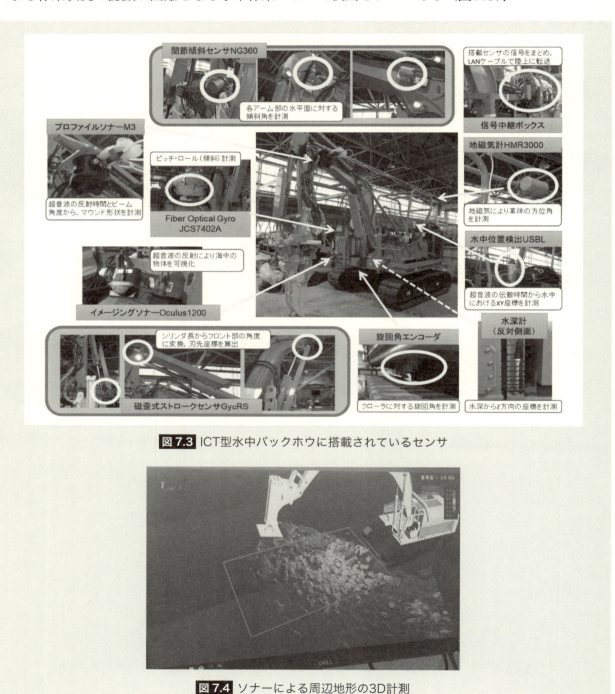

図7.3 ICT型水中バックホウに搭載されているセンサ

図7.4 ソナーによる周辺地形の3D計測

図7.5 台船，バックホウ，潜水士の位置姿勢をリアルタイムで表示することで状況を共有するシステム

(3) 水中バックホウの周辺機材

水中バックホウは，先端のアタッチメントを変更することで様々な工種に対応することが可能な汎用施工機械であり，様々な作業アタッチメントが開発されている．例えば捨て石均し作業に使用する「ロックバケット（**図7.6**）」は，一般的なスケルトンバケットのように格子状のバケットを持ち，その側面に2本の大きな爪を配置したものであり，岩を掬ったり掴んだりする装置となっている．また，油圧ブレーカを改造した「叩き均しアタッチメント（**図7.7**）」[4]は，マウンド面を成形するための機構として開発されたものである．

高度な把持作業（ロボットアーム化）を研究するために開発された「チルトローテータフォークグラブ（**図7.8**）」では，フォークの開閉角度やチルト角等の各自由度の情報も取得しており，マシンガイダンスへの表示も可能となっている．

その他，水中専用で開発した回転ブラシ，サンドポンプ，ウォーターエジェクターのほか，陸上で使用されるものを水中用に改造したインパクトブレーカ，ダウンザホールハンマー，ツインヘッダー，シングルヘッダーなど様々な使用実績があり，水中における潜水士の手作業の代替として利用されている．

図7.6 爪付ロックバケットによる被覆石均し（写真は極東建設株式会社より提供）

図7.7 油圧ブレーカを改造した叩き均しアタッチメント

図7.8 チルトローテータの姿勢をCGで表示可能

また，水中バックホウを利用するには，現場海域まで回航し，現場において水中に潜航，揚収する必要があるため，ウインチのついた台船が必要である．汎用的に使用されている100トン吊起重機船式台船（**図7.9**）を用いた方式のほか，専用の支援台船として門型揚貨式（**図7.10**）も存在する．

図7.9 起重機船式支援台船（写真は極東建設株式会社より提供）

この方式は，コの字形状の台船に開閉可能なゲートカバーを設置したものである．通常時はゲートカバーを閉じた状態でその上に水中バックホウを着地させており，作業現場では直上の門型ウイ

ンチで吊り上げ，ゲートカバーを開いて投入揚収を行う．

　船上には，水中バックホウを稼働させるための発動発電機やケーブルリール等の設備のほか，潜水士用の送気施設などを艤装している．

図7.10 門型揚貨式支援船

7.2.2　水中バックホウの導入事例[5), 6)]

　潜水士の安全性や施工能力の向上を実現すべく，「イエローマジック7号」「イエローマジック8号」を開発し，これまでに国内の様々な水中土木工事に導入してきた．本項では，水中バックホウの有効性を遠隔操作事例と共に示す．

(1)　導入の経緯

　20年余り遡ると，水中土木工事は，そのほとんどを潜水士による人力作業に頼っているのが現実であり，潜水士の安全確保・水中作業技術の継承，施工効率の向上等の課題を抱えていた．これらの問題を解決し，水中土木工事の効率化と安全性向上に寄与するため，1995年に潜水士搭乗型の水中バックホウ「イエローマジック1号」を開発・実用化した．

図7.11 イエローマジック7号　　**図7.12** イエローマジック8号

　その後，水中バックホウの施工場所・施工範囲の多様化を求める声に呼応する為，2001年に遠隔操縦型水中バックホウ「イエローマジック7号」（**図7.11**）を建造した．また2014年に，水陸両

用型水中バックホウ「イエローマジック8号」（**図7.12**）を建造し，国内の様々な水中土木工事へ導入してきた．

本項は，「イエローマジック7号」と「イエローマジック8号」の概要を述べると共に，遠隔操作事例を紹介することで，水中バックホウの有効性を示すものである．

(2) イエローマジック7号

水中バックホウによる水中土木工事の実績が示されることで，大水深域や危険箇所等，過酷な環境下での施工をはじめ，水中バックホウの施工範囲拡大が求められるようになった．同時に，過酷な施工条件においても，潜水士の安全性向上や施工効率向上を実現していく必要があった．これらの問題を解決するべく，従来の潜水士搭乗型水中バックホウの機能をそのままに，無人化施工運転に対応した「イエローマジック7号」を開発，建造した．これと同時に，水中バックホウの姿勢情報等を体感情報としてオペレータへ提供する「バックホウ施工支援システム」を開発した．

① **遠隔操縦型と潜水士搭乗型の切替え**

本体に装備しているバルブを操作することで，遠隔操縦型と潜水士搭乗型の切替えを行うことが可能である．

② **サンドポンプを自機に搭載**

本体にサンドポンプを標準装備しており，潜水士搭乗型，遠隔操縦対応型にかかわらず水中での掘削・掘削土の排送が可能である．また，サンドポンプはインバータにて駆動しているため，流量の調節を容易に行う事が可能である．

③ **施工支援システム**

一般にバックホウを使用した作業では，オペレータが自身の五感を通じて作業対象の情報を把握し，操作を行っている．無人化施工を行う場合，この五感情報をいかにしてオペレータに提供するかが重要である．陸上での無人化施工では，施工状況は目視にて確認しながら，安全な場所からオペレータが遠隔操縦装置にて操縦を行っている．そのため，陸上の無人化施工では，遠隔操縦信号は無線式，施工状況は目視やカメラ映像による確認方法が一般的である．

しかし，水中無人化施工の場合，既存の水中カメラによる映像では，低い透明度や作業に伴う濁りの影響で視認不能となるため，陸上の無人化施工技術の手法をそのまま適用することは困難である．そこで，水中バックホウからの体感情報をオペレータへ提供する要素技術を組合せた「水中バックホウ施工支援システム」を開発した（**図7.13**）．各種装置を組合せてシステム化することで，施工場所から離れたオペレータ席で，音や振動，傾斜等を実際に体感しながらの操縦を可能とし，安全で確実な無人化施工を実現した．

以下にシステムを構成する基幹装置について述べる．

(a) 施工管理装置

水中バックホウの姿勢（ブーム俯仰角度・旋回角度等），水深，油圧負荷，アタッチメント等の運転状況をグラフィック化や数値化し，オペレータ席のモニターに表示する装置である．

(b) 水中視認装置

水中バックホウの遠隔操縦には，周辺状況や作業状況の視認・把握が必須と考える．イエローマジック7号では，水中カメラやカラーイメージングソナー，音響カメラを水中視認装置とし

て搭載することで，周囲の状況を把握している．

・カラーイメージングソナー

水中バックホウの周囲の構造物や施工対象物の状況などを，ソナーからの距離を測ることで，認識することが可能となる．

・音響カメラ

光学式水中カメラでは撮影不可能とされていた濁水中や，暗闇での撮影を可能とする装置である．カメラ前面の状況をリアルタイムでとらえるため，作業対象並びに施工状況の視認に使用する．

(c) 水中音響装置

水中バックホウに取り付けた集音マイクを使用し，駆動音や，その他周辺の音を収集しオペレータ席で再現する装置である．

(d) 体感装置

作業に伴う水中バックホウの振動，傾斜等をオペレータ席にリアルタイムに反映する装置である．これによりオペレータは，実際に水中バックホウに搭乗し，作業を行うのと同様の感覚で操縦を行うことができ，掘削・旋回・走行等の動作をスムーズに行うことが可能である．図7.14に体感装置の操作状況を示す．

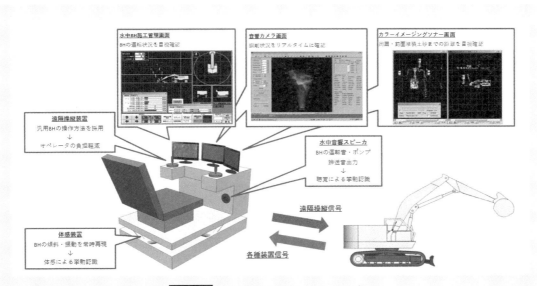

図7.13 施工支援システムイメージ図

図7.14 体感装置

(3) イエローマジック8号

水中バックホウに求められている作業は，ケーソンマウンド等の均し作業のみならず，海底ケーブル・取水配管の敷設やコンクリート構造物の撤去など，その作業内容や作業場所・作業水深が多様化し，水深の浅い水際での作業も増加してきた．そこで，水際から水中までの施工を1台のバックホウで行えるように，エンジン式と電動油圧式を換装可能なイエローマジック8号を建造した．従来のバックホウをベースにしているため，豊富なアタッチメントはそのまま適用可能である．

① リアデッキの換装

リアデッキを換装することにより，水際から水中までの作業を1台で行う事が可能である．装備の換装は半日程度で行う事ができ，適用水深は水陸両用時では陸上〜 –4m，水中使用時では –2m 〜 –50mまで運用可能である（**図7.15**）．

② エレベートキャブ

オペレータ席が水没する程度の水深では，エレベートキャブによりオペレータが水中に入ることなく作業可能となるため，作業負担の軽減と効率化を実現可能である（**図7.16**）．

図7.15 リアデッキ換装イメージ図

図7.16 エレベートキャブイメージ図

(4) 遠隔操作事例

① 水路内堆積物除去工事

水路内に堆積した土砂を遠隔操縦により除去した．水路内の堆積物除去は，作業が進むにつれて奥部に進むため，緊急時の救出が困難になる等，潜水士の重大災害の危険性が高くなる．そこで，イエローマジック7号を導入して無人化施工を行った．アタッチメントは，対象となる堆積物除去用に開発したロータリーカッター式浚渫装置を装備している．前述の水中視認装置により，水路内の床板，隅部まで確実に浚渫することが可能となり，施工品質の向上が見られた（**図7.17**）．**図7.18**に堆砂物除去後の様子を示す．

② 護岸法面均し工事

水深が浅いため作業船の侵入ができず，さらに陸上機ではリーチが足りないため，海側から施工を行った．陸上機や作業船が接近することができない場所で，イエローマジック8号での施工は非常に有効であった．**図7.19**に工事の様子を示す．

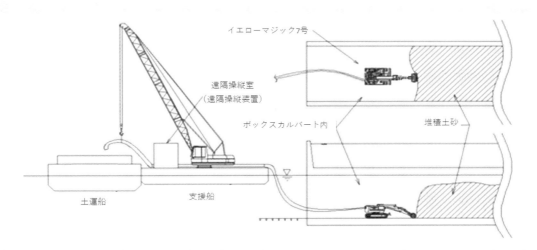

図7.17 ボックスカルバート内浚渫図

図7.18 堆砂物除去後

図7.19 護岸法面均し工事

(5) 今後の取り組み

現場への導入を通して実績を積み重ねると共に，水中昇降機能，姿勢制御機構，遠隔操縦機能の拡充等を行い，あらゆる状況への対応を高めることで，適用工種・施工範囲の拡大を図っていく．拡充の一例として，小型ROVを水中バックホウの補助装置とし，広範囲な作業エリアの状況把握，本体の簡単な修理などを行う．また，アンビリカルケーブルを使用した遠隔操縦の高度化，設備の簡素化および耐圧性能を向上させることで，海底資源開発も視野に入れた技術開発にも取り組んでいきたい．

7.2.3 遠隔操縦式水陸両用ブルドーザ

(1) 開発の経緯

水陸両用ブルドーザD155Wは，コマツが世界で初めて実用化，販売した建設機械で，水深-7mまでの浅水域を作業領域とする，無線遠隔操縦式の水陸両用建設機械である（**図7.20**）．これまで，日本全国の河川，港湾，ダム等の浅水域で幅広く適用され，その施工実績は1,200件を超える．また，先の東日本大震災においても被災地各所で稼働し，災害復旧工事にも活用されている．

図7.20 D155W（7.2.3項のすべての図は青木あすなろ建設株式会社より提供）

図7.21 D125-18B

　水陸両用ブルドーザは，1968年に建設省（現国土交通省）とコマツにより，作業可能水深-3mのD125-18Bが開発された（図7.21）．1969年8月洪水に伴う富山大橋の応急復旧工事で，初めて現場に投入され，その後，作業可能水深-7mのD155W-1が開発され量産された．

　コマツは，水陸両用ブルドーザを，海外向けに14台，日本国内向けに22台，計36台販売し，このうち17台を青木あすなろ建設が購入，現在，日本で稼働している水陸両用ブルドーザは，同社が保有する5台のみとなっている．

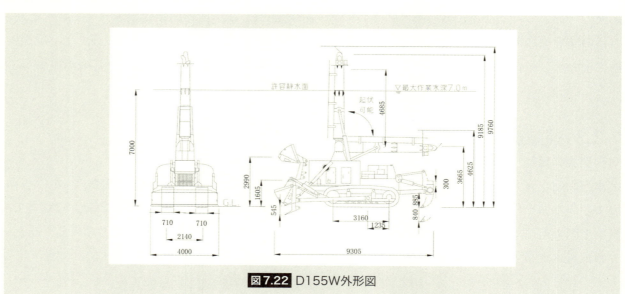

図7.22 D155W外形図

(2) 機体概要

水陸両用ブルドーザは，作業船では水深が浅くて航行できず，陸上機械では水深があって作業できない0m～-7mの水深帯を作業領域とする．外形は，全長9.3m，高さ9.76m，排土板幅4m，重量43.5トンである（図7.22）．作業は，オペレータが機械を目視し，無線遠隔操縦する．

排土板の前面に装着されたエプロン装置（図7.23）により，掘削土を拡散させることなく，水中掘削が可能である（図7.24）．

図7.23 エプロン装置

ブルドーザ後部にはリッパ装置（図7.25）が標準装備され，岩盤掘削が可能である．その他，水中作業に適応するため，水圧に応じ内圧が自動的に与えられる差圧調整装置，機械内部への浸水を知らせる警報装置および自動排水ポンプ，水中停止時にダイバーが有線で操縦できるダイバーコントロール装置等を装備している．

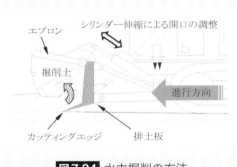

図7.24 水中掘削の方法

図7.25 リッパ装置

また，リッパ装置を取外し，クレーン装置（図7.26）やバックホウ装置（図7.27）を取付けることで，多様な作業が可能である．実際の使用例を以下に示す（図7.28～図7.31）．

(3) 作業条件

- 最大作業水深：-7m以浅
- トラフィカビリティ：N値5～7程度以上，コーン指数440kN/m²程度以上の砂質土，礫質土，玉石
- 作業限界流速：2m/sec以下
- 作業限界波高：有義波高1m以下
- 作業限界制御距離：100m以内

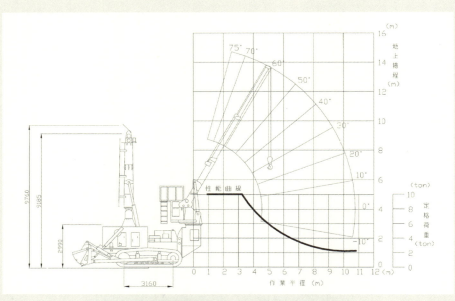

図7.26 クレーン装置搭載型

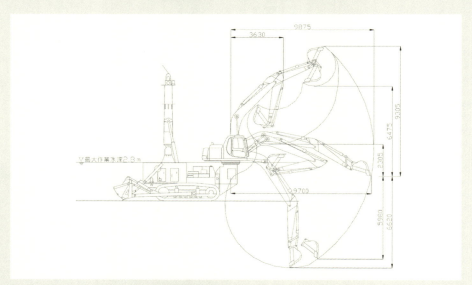

図7.27 バックホウ装置搭載型

図7.28 河川での河床掘削

図7.29 ダムでの堆砂掘削

図7.30 東日本大震災での離岸堤災害復旧

図7.31 クレーン装置搭載型水陸両用ブルドーザ

7.2.4 水中捨石均し機

(1) 開発の経緯

　防波堤などの港湾の構造物は海底に捨石を投入し，基礎地盤にすることが多い．この基礎地盤は構造物を据える前に捨石を平坦に均す必要があり，特にケーソンなどの大型構造物下部については高い精度で均すことが求められる．近年，港湾工事は構造物の大型化とそれに伴う施工深度の大水深化が進み，施工条件が厳しくなる傾向にある．また，その条件下で一つあたり数十〜数百kgもの捨石を堅固に締め固めるとともに，急速かつ安全な作業方法が求められている．捨石均し作業は，潜水士による手作業（図7.32）で行われることが多く，入職者数の減少や高齢化による人手不足が進んでいるため，作業の省人化や効率化が喫緊の課題になっている．このような背景のもと，各社より重錘方式や振動締固め方式等の捨石均し機が開発されてきた．

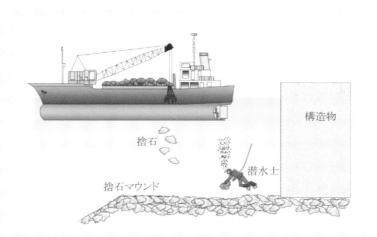
図7.32 工事状況概要図

　五洋建設は，捨石均し作業の省人化や効率化を目的として1986年に水中歩行式の捨石均し機SEADOMを開発し，運用を通して改良を重ねてきた．2022年にこれまで採用してきたレーキ敷均しとローラによる転圧を併用する方式を変更し，レーキ敷均しと重錘による締固めを併用する方式とした新たな捨石均し機SEADOM-7を建造し，捨石マウンドの堅固かつ高い施工精度での締固めを可能とした．

(2) 概要

① 水中歩行式捨石均し機SEADOM

　SEADOMはクレーン船等で吊り上げられ，水中の捨石マウンド上に投入された後，支援台船等からの遠隔操作によって所定の場所まで歩行し，均し作業を行う水中ロボットである．

　SEADOMは本体と操作室，アンビリカルケーブル（給電および通信用ケーブル）で構成される（**図7.33**）．本体にはGNSS（Global Navigation Satellite System，全地球航法衛星システム）アンテナや方位傾斜計，超音波センサなどの各種センサが取り付けられてあり，操作室と接続したアンビリカルケーブルを通して本体への給電や操作室とのデータ通信を行っている．データは操作室内のモニターに表示し，本体の状態や捨石マウンドの均し高さをリアルタイムにモニタリングできる．また，操作室内の操作卓と本体管理用画面により手動又は自動で本体を遠隔で操作することができる（**図7.34**）．

SEADOMの特長

- 大水深（−35m）において均し作業ができる．
- 施工中は気象・海象の影響を受けづらく，安定して施工を行える．
- 海上からの遠隔操作により少人数で安全に作業を行える．
- ICT（情報通信技術）を活用してリアルタイムで施工管理および進捗の確認ができる．
- 自動プログラムにより，作業の省力化が図れる．
- 生分解性作動油を使用し環境に配慮している．

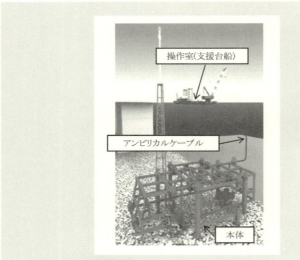

図7.33 施工状況および全体構成図

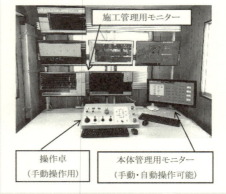

図7.34 操作室内

② 本体構成

　水中捨石均し機本体は，捨石マウンド上を歩行するための歩行装置とマウンドを平坦に均すための均し装置で構成される．

　歩行方式は不陸の大きな捨石マウンド上でも安定した姿勢を保ち，安全かつ確実に精度よく位置を保持することが可能な8脚歩行式を採用した．歩行装置は本体フレームと移動フレームに分かれてあり，それぞれ本体脚，移動脚を4本ずつ搭載している（**図7.35**）．本体フレームには走行

用のシリンダと横行用のシリンダを各2本搭載してあり（**図7.36**），歩行時には本体脚と移動脚を交互に踏み替え，走行・横行シリンダを伸縮させることで前後左右へ本体を移動させることができる（**図7.37**）．また，本体フレームと移動フレームをつなぐ走横行装置には適度な隙間が設けてあり，横行・走行用シリンダの伸縮量を調整することで本体の方向を1回あたり最大3度修正することが可能である．

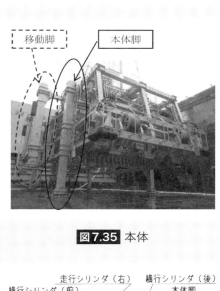

図7.35 本体

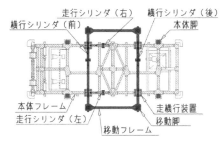

図7.36 本体構造

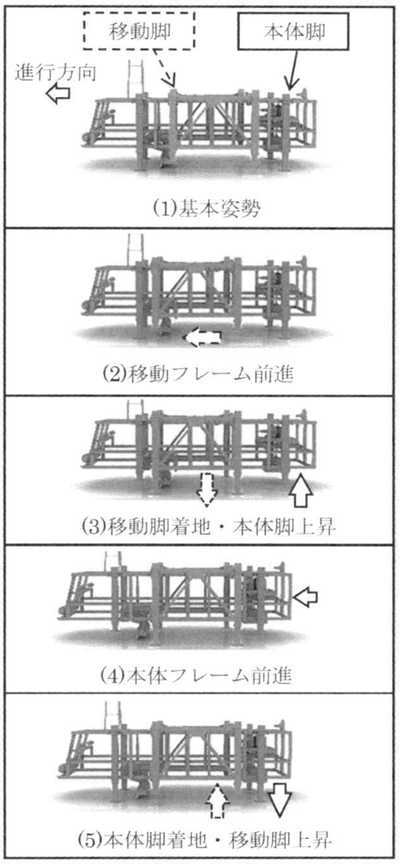

図7.37 歩行方法

　均し装置は本体フレームに搭載され，捨石マウンドの凹凸を荒均しする装置とマウンドを精密に仕上げる装置で構成され，荒均し作業はレーキ（**図7.38**）によって行われる．仕上げを行う装置はSEADOM-1（1986年建造）からSEADOM-6（2010年建造）までは鋼製の円筒（Φ1,000×L4,000）を横向きにした転圧ローラ（**図7.39**）を使用していた．しかし，構造物の大型化に伴い施工能力の向上が求められたので，最新型のSEADOM-7（2022年建造）では捨石マウンドを堅固かつ高精度に締め固めることを目的に，重さ20トンの重錘（**図7.40**）を新規採用した．

　また，本体には各装置を動かすための油圧機器を搭載してあり，例えばシリンダによってレーキを昇降させ，油圧ウインチによってレーキ台車を前後に移動させることができる．**図7.41**に均し装置の全体配置を示す．

　SEADOMの基本仕様は捨石均し作業における近年の最大作業水深，捨石規格等の傾向を参考に決定した．**図7.42**に一般配置図を，**表7.1**にSEADOM-7の主要項目を表す．

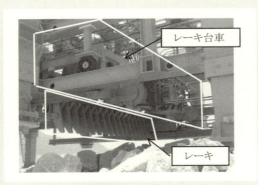
図7.38 レーキ装置

図7.39 転圧ローラ

図7.40 重錘

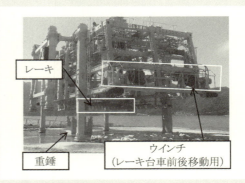
図7.41 均し装置配置（SEADOM-7）

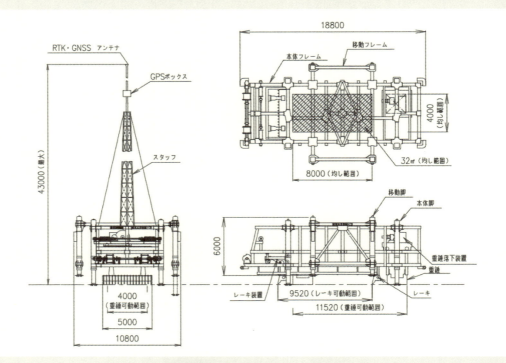
図7.42 SEADOM-7全体図

地形計測	5基（計測範囲：幅4m×ストローク9.5m）
最大使用水深	-35m
捨石規格	500kg/個以下
均し範囲	8.0m×4.0m
均し精度	±5.0cm以内
移動方式	水中8脚歩行式
脚	伸縮ストローク　2.0m 歩行ストローク　前後左右　1.25m，歩行速度　27.5m/h
機体重量	約160トン（気中）
機体寸法	長さ18.5m×幅10.5m×高さ7.0m
レーキ装置	幅×ピッチ　　　5.0m×0.3m 敷均し範囲　　　9.5m×5.0m 最大牽引力　　　212kN
重錘装置	重量　　　　　　20トン（気中） 底面　　　　　　2.0m×2.0m 移動範囲　　　　9.5m×2.0m 重錘締固め範囲　11.5m×4.0m
主電動機	水中電動機　　　90kW
操作方法	自動制御・遠隔操作
測位・測深	RTK-GNSS・超音波センサ生分解性作動油使用
環境対策	生分解性作動油使用

表7.1 主要項目

（3）施工方法と施工管理方法

SEADOMは海中に投入された後，気中の操作室から遠隔操作で作動する．施工管理を行うためには本体の位置と捨石マウンドの正確な高さをリアルタイムに把握する必要がある．SEADOMの計測システムと施工方法はシリーズを通して基本的に共通している．その方法を以下に述べる．

① 計測方法

本体の位置情報は櫓に搭載したGNSS移動局（**図7.43**）と本体フレームに取り付けられた方位傾斜計のデータから算出される．各々の現場条件によるが均し精度±5cm以内を達成するためには高精度な測位が必要となる．GNSSは一つのアンテナを既知の座標に据え（基準局），もう一つのGNSSアンテナ（移動局）に補正情報を送ることで誤差数cmの範囲でアンテナの位置を計測することができるため，沖合の工事でも容易に本体位置を計測することができる．

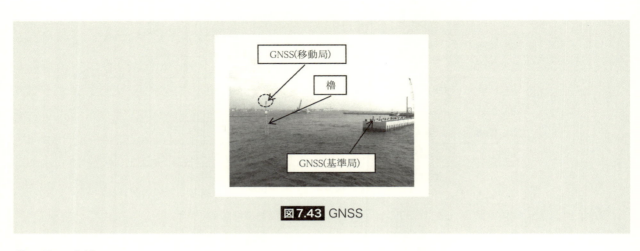

図7.43 GNSS

② 施工方法

SEADOMの施工は基本的に地形計測，荒均し，本均しの順で行う（図7.44）．

地形計測とは捨石マウンドの形状を計測することである．SEADOM-7では5基の超音波センサを取り付けたレーキ台車を前後に移動させることで直下の捨石マウンドの高さを計測する（図7.45）．

荒均しは捨石マウンドをある程度の精度（指定高さの±30cm程度）で均す作業のことをいい，SEADOMではレーキを適切な高さに調整しながら，レーキ台車を前後に移動させることで捨石マウンドを設計高さ+余盛（締固め厚）の高さに均す．

本均しは捨石マウンドを精度よく仕上げる作業のことをいい，施工精度は各工事で指定される．SEADOMでは重錘による締固めによって，現場ごとに指定された施工精度で均す．

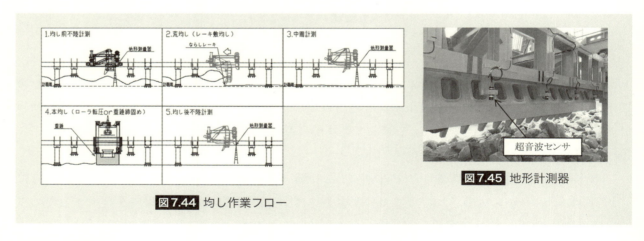

図7.44 均し作業フロー　　図7.45 地形計測器

③ 施工管理

操作室内の施工管理システムには，SEADOMに取付けられたGNSS，方位傾斜計，超音波センサ等の計測機器によって，本体の現在位置，捨石マウンドの高さ等を計測し，これらの情報をリアルタイムにパソコン画面へ表示する．

図7.46に施工管理画面の平面図を示す．事前に施工座標のデータと深浅測量した結果を施工管理ソフトに入力し，GNSSと方位傾斜計によって算出した本体位置を重ね合わせることで，現在の施工範囲と本体の位置関係を確認することができる．図7.47は超音波センサで計測した捨石マウンドの高さの断面図を示す．設計高さと比較することで，効率的に均し作業を行うことがで

きる．図7.48は本体の管理画面を示す．画面を切替えることで脚の伸縮量やフレームの移動量，レーキや重錘の状態を確認することができる．また，タッチパネルになっているため，モニターを押すことで本体を操作することも可能となっている．

施工時，オペレータはこれらの画面を確認しつつ，本体を遠隔操作する（**図7.49**）．遠隔操作は操作卓のレバーやスイッチによって操作することもでき，本体管理画面から操作することもできる．また，本体管理画面上で設定すれば，歩行やレーキ均しなどの作業も自動で行うことができる．

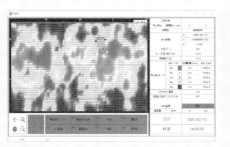
図7.46 施工管理ソフト画面（平面図）

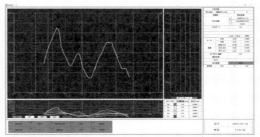
図7.47 施工管理ソフト画面（断面計測図）

図7.48 本体管理画面（タッチパネル）

図7.49 施工状況

（4）実工事の適用例

SEADOMは防波堤や護岸などの築造工事に使用され，ケーソンなどの重量構造物を据えるために-15m〜-35mの深度で適用される．また，大型の構造物は**図7.50**のように港湾から離れた沖合で据え付けられるため，外洋からの波浪をよく受ける．このような条件の下で，これまで多くの現場にSEADOMを導入し，捨石マウンドを築造している．

図7.50 SEADOM投入状況

7.3 港湾施設の維持管理における点検作業のロボット化

港湾施設の多くは，海中もしくは海面付近に位置している．これは施設にとって厳しい環境なだけでなく，日々の点検作業にとっても様々な困難を生じる要因となっている．日本において，これらの作業の多くはいまだ人間が主体的に介在しており，多くの労力が費やされている．整備から50年以上が経過する港湾施設が増加する中，労働力の高齢化が進む現状と相まって，近い将来，点検コストや労働力の観点から問題の深刻化が懸念されている．

今後，点検作業の安全性や品質を維持しながら，省力化を図って確実に実行してゆくには，従来からの点検手法や作業手法だけにとらわれず，新技術の積極的な活用が欠かせない．近年は，安価な水中ドローンの普及と相まって潜水士の代替としてのROV（Remotely Operated Vehicle）に代表される無人の水中航走体や水中ロボットの適用事例が散見されるようになり，新たな水中ロボットの開発事例も見受けられる．

本節では，日本の「港湾の施設の点検診断ガイドライン」における水中ロボットの位置づけについて述べ，水中ロボット等の航走体を活用した点検技術の開発事例を紹介する．

7.3.1 港湾分野における施設の点検と診断に関するガイドライン

現在の日本の主要な港湾施設は，2013年6月に公布された改正港湾法に従って，施設ごとに「維持管理計画書」が作成されている．各施設の維持管理は，これらの計画書に記載された維持管理計画に基づき，国土交通省港湾局が策定した「港湾の施設の点検診断ガイドライン」を参考に実施されている[7),8)]．従来から，港湾施設の点検と診断における目視点検は，作業員や潜水士による目視を基本として実施されてきたが，水中ロボットによる潜水作業やカメラ等による目視点検の代替も慣例的に許容されてきた．

このような状況において，2020年3月の同ガイドラインの一部変更時には，施設の変状把握や劣化度判定について，「ドローン等により，目視と同等に変状が把握でき，劣化度を判定できると点検診断を実施する者が判断する新技術」については「目視」の定義に含まれるとし，また，「潜水士による調査に加え，水中ロボット等により，潜水士と同等に変状を把握でき，劣化度を同等に判定できると点検診断を実施する者が判断する新技術を活用した調査」については「潜水士等」の定義に含まれることが明示され，点検や診断の効率性や客観性を理由にUAV（Unmanned Aerial Vehicle）やROV等の新技術を「積極的に活用することが望まれる」としてその利用推奨が記された．以上により，ガイドラインに示されている従来からの作業員による海上目視点検や潜水士による潜水調査に対し，ドローン等のカメラや水中ロボット等をより積極的に活用することができるように整理された．

同時に，同ガイドラインに参考2「点検診断の効率化に向けた工夫事例集（案）」が追記され，ROVや無人艇を活用した点検技術が示された[9)]．また，2021年3月の同ガイドラインの再変更時には，参考3「港湾の施設の新しい点検技術カタログ（案）」が追記され，民間企業から募られた水中ドローンやROV，AUV（Autonomous Underwater Vehicle）等の適用事例が掲載された[10)]．これら多数の事例紹介は，これまで慣例的だった水中ロボット等の利活用について，積極的に利用

可能な点検技術として改めて認知されるきっかけの一つとなったと考えられる．

次項では，前出の参考2「点検診断の効率化に向けた工夫事例集（案）」に記載された桟橋上部工の点検診断作業へのロボットの活用事例を紹介する．

7.3.2 桟橋上部工の点検診断作業へのロボットの活用事例

桟橋の一般定期点検診断では，陸上および海上の外観の目視によることを標準としている．桟橋の点検診断項目の標準的な分類を抜粋した一覧を**表7.2**に示す．

項目の類別 対象施設	Ⅰ類	Ⅱ類	Ⅲ類
係留施設 （桟　橋）	【桟橋法線】凹凸，出入り 【エプロン】 吸出し，空洞化，沈下，陥没 【上部工（下面）】 コンクリートの劣化，損傷（PC） 【鋼管杭等】 鋼材の腐食，亀裂，損傷 【海底地盤】洗堀，土砂の堆積 【土留部】	【エプロン】 コンクリート・アスファルト舗装等の劣化，損傷 【上部工（側面）】 コンクリートの劣化，損傷 【上部工（下面）】 コンクリートの劣化，損傷（RC） 【鋼管杭等】被覆防食工 【鋼管杭等】電気防食工 【渡版】移動，損傷	左記以外

Ⅰ類　施設の性能（特に構造上の安全性）に直接的に影響を及ぼす部材に対する点検診断の項目
Ⅱ類　施設の性能に影響を及ぼす部材に対する点検診断の項目
Ⅲ類　附帯設備等に対する点検診断の項目

表7.2 係留施設の点検診断の項目の標準的な分類（ガイドライン[8]から「桟橋」のみ抜粋）

これらのうち，代表的な作業である上部工（下面）の点検診断は，主に小型の船外機船等に乗った作業員による目視で行われている．海面とのクリアランスが少なく桟橋下への船舶の進入が困難な施設では，潜水士により実施される場合もある．作業中に受ける波浪や潮汐の影響により，このような狭隘な空間における作業の安全性の確保は容易ではない．また，供用中の桟橋施設においては，限られた作業時間や期間内での効率的な点検作業の実施が求められている．

本項で紹介する技術は，陸上からの遠隔操作によって桟橋上部工下面の変状を撮影し，その劣化度判定に資する画像データを水上から無人で収集するROV型の桟橋上部工点検用ロボット（桟橋上部工点検用ROV）である．当該技術は，特殊な作業環境下において，その確実な操作と運用を支援するために，種々の作業支援機能を実装している[11]．

（1）桟橋上部工点検用ROV

桟橋上部工点検用ROVは，半没水型の遠隔操作型海上航走体である．上部工の下面を撮影するための点検用カメラを距離計とともに機体上面上向きに搭載し，自機周辺の構造物や障害物等の状況を逐次把握するためのLRF（Laser Range Finder）を装備している．**図7.51**に桟橋上部工点検用ROVの外観を示し，**表7.3**にその主要な仕様を示す．また，**図7.52**に桟橋の上部工下面を撮影中の当該ROVの様子を示す．

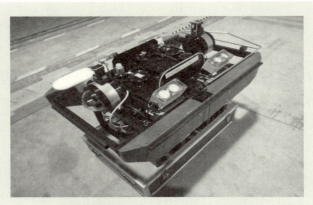

図7.51 桟橋上部工点検用ROV

項　目	仕　様
照明	前方×2 上方×8（拡散板付）
カメラ	点検用　DSLRカメラ（f=14mm）×1 　　　　GigEカメラ（f=3.5mm）×1 操作用　GigEカメラ×3（気中-前後，水中-前）
推進器	水平スラスタ×4（菱形配置） 垂直スラスタ×2
航行速度	最大前進速度　約1.5ノット
センサ	レーザー 距離計×1（撮影距離計測） レーザー マーカ×1（寸法確認） LRF×2（前後，桟橋下測位・障害物検知） 方位ジャイロ×1（方位推定補助） GNSSコンパス×1（海上測位・方位計測）
寸法	全長1200mm×全幅800mm×高さ925mm
質量	約100kg

※DSLR：Digital Single Lens Reflex
※LRF：Laser Range Finder
※GNSS：Global Navigation Satellite System

表7.3 桟橋上部工点検用 ROVの主要な仕様

図7.52 桟橋下面を撮影中のROV

(2) ROVの支援機能
① LRF測位機能

　当該ROVは，GNSSが利用できない桟橋下での測位を行うために，LRFと方位ジャイロを利用した測位技術を実装している．

　ここではまず，2基のLRFから得られた点群情報からROVの全周走査画像を作成し，この画像の中から杭の形状的特徴を持った物体を検出する．次に，これらの検出杭と杭の配置図を照合して，照合に成功した杭を位置が既知のランドマークとして設定する．ランドマークが2本以上得られた場合は，直近2本のランドマークに対するROVの相対位置から自機位置と方位を推定する（**図7.53**）．

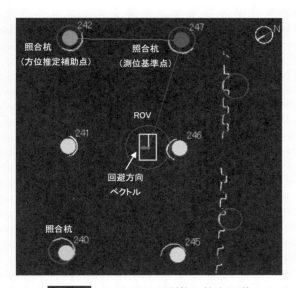

図7.53 LRFを用いた測位と衝突回避

　ランドマークが1本のみの場合は，自機方位の情報源を方位ジャイロに切替え，その方位と唯一のランドマークに対するROVの相対位置から自機位置を推定する．なお，これらのランドマークを連続的に追跡することで測位を継続することができる．

② 衝突回避機能

　測位の過程で得られたLRFの全周走査結果から周囲の障害物を把握することが可能である．

　ここでは，LRFの各方位の第1反射点までの距離を収集し，ROVの周囲に警戒範囲（例えば円）を設定する．ROVが衝突を回避するためには，この警戒範囲を侵食するすべての第1反射点をその外側に排除できれば良い．よって，各方位の第1反射点の警戒範囲の侵食度合いを重みとして各方位の単位ベクトルに乗じ，これらの総和を取れば，ROVの回避方向ベクトルが算出できる．**図7.53**においては，ROVの中心から左に伸びる短い矢印が回避方向ベクトルに相当する．

　当該ROVは，基本的に遠隔操作で運用されることから，オペレータの操作に衝突回避ベクトルを重畳してROVに移動指示することで，遠隔操作中であっても自動衝突回避を実現している．

③ 撮影履歴の提示機能

　測位によって得られた位置情報はログとして記録されると同時に，NMEA0183準拠のテキスト

に変換し，撮影と同時に写真に紐づけられている．撮影日時や撮影方位，撮影位置情報等は，写真データ中のExif GPS IFDタグに直接書き込まれ，写真とその付帯情報を紐づけて一体管理されている．

図7.54は，杭の配置図からなる地図画面上にROVの位置を表示した画面である．オペレータは，この情報から施設に対するROVの現在位置を把握し，計画経路に沿ったROVの操縦を行う．なお，ROVを囲む矩形の細線はカメラの撮影範囲を示しており，その撮影範囲をフットプリントとして残していくことで撮影履歴を提示することができる．この図では，右側の明るい塗りつぶし範囲が撮影済み領域となる．

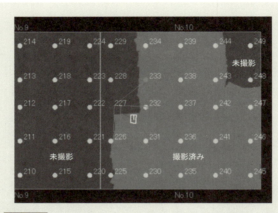

図7.54 杭の配置図上におけるROV位置と撮影履歴

(3) 点検診断支援システム

桟橋上部工下面の点検診断の成果物として，点検帳票が必要である．従来方法では，目視に基づく変状図の清書や点検診断の結果をあわせて点検帳票が作成されている．当該手法ではROVが取得した写真をもとに変状図の作成や点検診断を行うこととなる．しかしながら，ここで取り扱う写真の量は膨大であることから，点検帳票を完成させるまでの内業を支援する点検診断支援システムが用意されている．

このシステムを用いた帳票作成に際しては，まず市販のSfM-MVS（Structure from Motion-Multi View Stereo）ソフトを用いて取得写真を合成し，桟橋上部工下面の3Dモデルを作成する．次に，作成した3Dモデルを部材単位に分解して施設全体の2D展開図を自動的に再構成し，この展開図から劣化の可能性のある箇所を変状候補として自動的に抽出する（図7.55）．点検診断を実施する者は，これらの変状候補から過検出を除外ののち，劣化の位置と種類を判別して対象部材の劣化グレードを4段階に分類し，図7.56のような点検帳票を作成することができる．

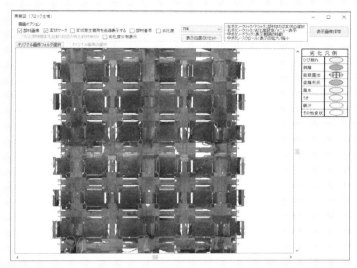

図7.55 3Dモデルから2Dに再展開された展開図からの変状候補の自動抽出

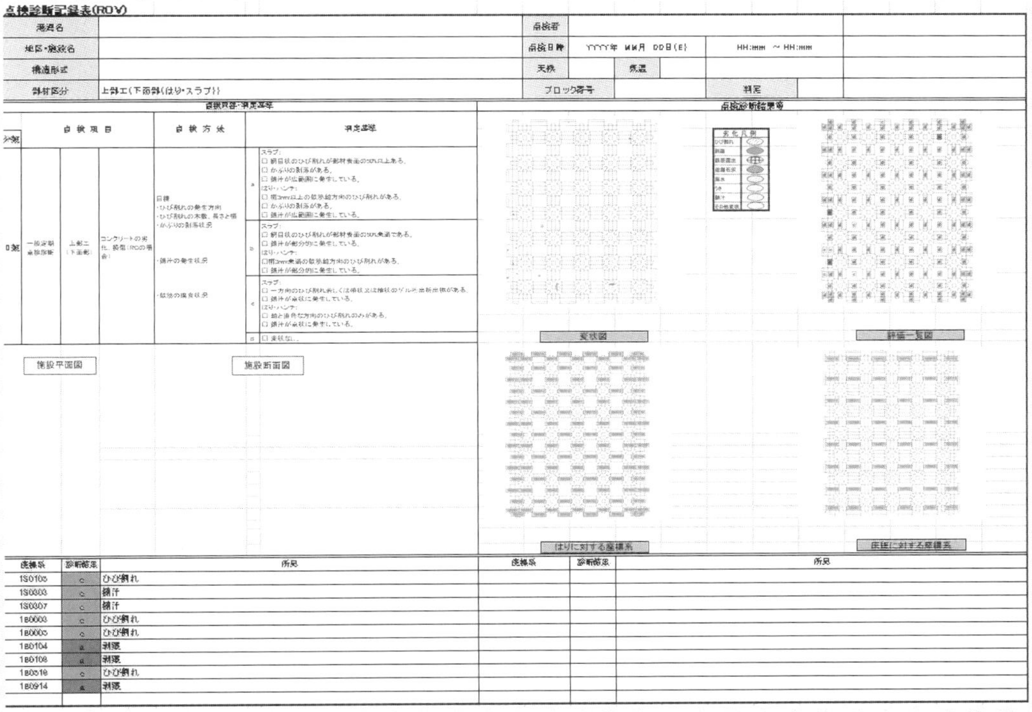

図7.56 点検帳票の出力例

7.4 周辺状況の変化

これまで，水中施工の分野において，作業環境に合わせて様々なロボットが提案されてきた．それらの水中ロボットの多くは，ロボット自身の姿勢や，その近傍の外界計測を行い，作業を実施してきた．

IoT技術が発展した昨今においては，作業効率化や安全性の更なる向上のため，さらに広い範囲の情報と連携して作業を行うことが考えられる．例えば，構造物の3次元図面などのデータを活用して複数台の水中ロボットの配置を検討することで，より安全に作業の迅速化をはかることができる．

それらのIoT技術の例を本節では紹介する．

7.4.1 サイバーポート

サイバーポートとは，国土交通省港湾局が構築しているデータプラットフォームである．港湾の生産性を向上させること，港湾を取り巻く様々な情報が有機的につなげる事業環境を実現することを目的としている．港湾物流分野，港湾管理分野，港湾インフラ分野の3分野の情報を電子化し，これらをデータ連携により一体的に取り扱う[12]．

サイバーポートの構築の背景にあるのが，2018年6月に閣議決定された「世界最先端デジタル国家創造宣言・官民データ活用推進基本計画」に位置づけられた「港湾の完全電子化と港湾関連データ連携基盤の実現」である．この推進に向けて，2018年11月に「港湾の電子化（サイバーポート）推進委員会」が開催され，サイバーポート実現に向けた議論が始まった[13]．

(1) 物流分野

物流分野では，民間事業者間の港湾物流手続きを電子化することで業務を効率化し，港湾物流船体の生産性向上をはかることを目的としている[14]．

従来は，これらの手続きは紙，電話，メール等で行われてきたが，情報の再入力，照合作業の発生，トレーサビリティ，不完全性等により潜在コストが発生していた．これを電子化することで，手続きの共通化・データ標準化等を実現するとともに，重複する内容のデータ連携を行い，手続きの効率化が実現された（**図7.57**）．2021年4月に第一次運用が開始された[15]．

運用開始後も，機能改善や，Colins，CONPAS，NACCSといった既存の電子申請システムともAPIにより連携する機能が追加されている．さらに物流情報の国際規格にも対応し，船社から提供される情報との連携も開始されている．

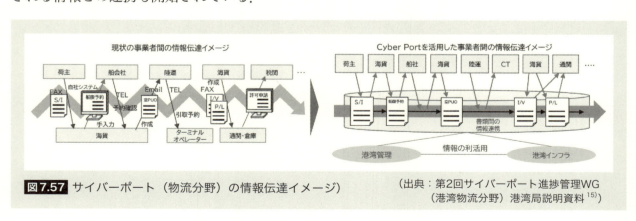

図7.57 サイバーポート（物流分野）の情報伝達イメージ）

（出典：第2回サイバーポート進捗管理WG（港湾物流分野）港湾局説明資料[15]）

(2) インフラ分野

インフラ分野では，計画から整備，維持管理，利用の段階に至る港湾および港湾施設に関する様々な情報を一元的に管理することで，同一情報の入力を省力化し情報の一覧性や更新性を高め，適切な維持管理の実施や災害対応力の向上につなげることを目的としている（図7.58, 図7.59）[16]．2023年4月に第一次運用が開始された．2024年3月には対象港が125港に拡大した．

2024年5月現在，インフラ分野のプラットフォームからは，対象港の計画書やこれまでに実施されてきた業務で電子納品された成果物の取得が可能となっている．

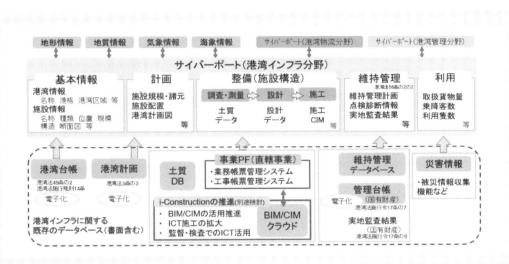

図7.58 サイバーポート（インフラ分野）の情報連携イメージ（出典：Cyber Port™ [港湾インフラ分野][16]）

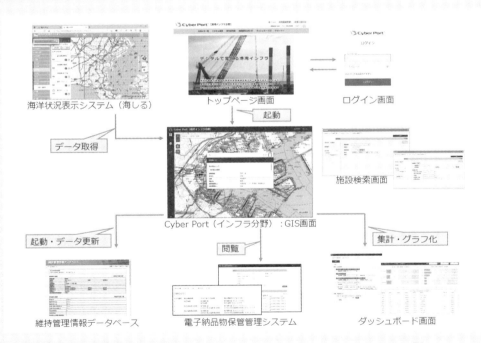

図7.59 サイバーポート（インフラ分野）のシステム全体イメージ（出典：Cyber Port™ [港湾インフラ分野][16]）

(3) 港湾管理分野

港湾管理分野は，手続に関する部分と，調査・統計に関する部分に分かれている．

サイバーポート（手続）では，従来一部の手続きでNACCSによる電子申請が可能であったものの，港湾によっては紙媒体での申請が行われていた．また，そもそも，電子申請の対象となっていない手続きも多く残されていた．このためサイバーポート（手続）では港湾施設使用申請や港湾区域内水域等の占有申請などの港湾管理者に向けた申請手続について，システム上で申請・許可を行えるようにし，申請情報の一元管理を可能にしている（図7.60）．また，手続の種類や内容・様式の標準化を行うことで，申請者・港湾管理者双方における，手続業務の効率化を図っている．さらに，利用状況を一元管理することで，港湾施設の効率的なアセットマネジメントを目指している．

サイバーポート（調査・統計）では，港湾調査に関する一連の作業を一貫してシステム化するほか，NACCSデータ連携や入力支援機能による調査票の作成，調査票の一元的な管理や自動集計・チェックを可能とし，報告者・港湾管理者双方の業務の効率化を図っている（図7.61）．

これによって統計の正確性・迅速性向上やデータに基づく港湾政策立案を推進している．2024年3月にはポータルサイトの公開が開始された[17]．

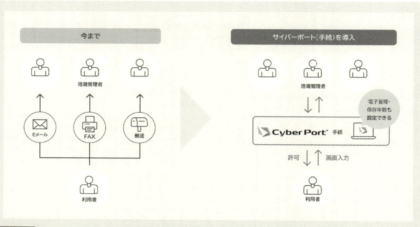

図7.60 サイバーポート（手続）のイメージ　出典：サイバーポート（手続）HP [18]）

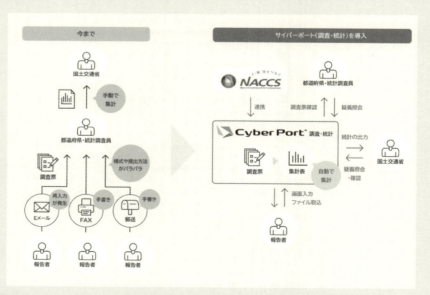

図7.61 サイバーポート（調査・統計）のイメージ　出典：サイバーポート(調査・統計)HP [18]）

7.4.2 メタロボティクス構造物

現在，インフラの維持管理の必要性が高まっている．従来，水中インフラの調査・作業は潜水士が行ってきた．しかし，潜水作業は，安全管理が難しく，作業者の負担も大きい．そのため，代替・補助手段として7.3節に示したような水中ロボットを使用した点検手法などの研究開発が進んでいる．しかし，水中ロボットではアクセスが困難で，潜水作業に頼らざるを得ない場所がある．また，水中ロボットによる作業が可能でも，作業効率が低く，コストが見合わない場合も多い．

さらに，陸上施設などでは導入が始まっているインフラのヘルスモニタリングを取り入れた施設の整備が期待される．ヘルスモニタリングとは，施設の構造にセンサを取り付けることで，常時施設の健全性の監視を行うものである．近年，IoTの普及，高度化によって利用が拡大している．インフラのヘルスモニタリングを導入することで，施設に異常が生じた場合にはセンサデータの変化から異常を迅速に検知し，対応を行うことが可能となる．また点検とモニタリングとを連動させることで，点検箇所を施設全体から局所的に絞ることが可能となり，効率的な維持管理が期待される．

水中の構造物は，特に干満部では，常に酸素と水分が供給され，劣化が進行しやすく点検が必須となる．加えて，点検のためのアクセスが困難なことから，この技術による恩恵は非常に大きい．

さらにこれを水中ロボットと組みあわせることも考えられる．インフラ自身がセンサによって異常を検知した場合に，水中ロボットに自動で点検の指示を出し，詳細を点検させる．また，自動で管理者や利用者などへアラームを発するようなシステムとなることが期待される．

このように，インフラ自体がセンシングを行い，解析し，情報の受発信を行うなど，あたかもロボットのような性質を持ち，また，点検や作業に応じて用いられるロボットとの間でもコミュニケーションが行われ，その作業についてリアルタイムに良い方法を取り，オペレータに報告するなどといった，メタロボティクスという概念が提案されており，普及することが期待されている[20]．

7.5 展望とまとめ

我が国では現在，国が中心となって，建設工事の生産性の向上を目指した施策を進めている．その中で，港湾や海上空港の建設についても，生産性の向上をはかることが求められている．このため，現在のように潜水士と海上の作業船による建設方法では限界がある．また，建設作業員を志向する若者の極端な減少傾向も歯止めがかからない．

こうした背景から，建設作業にロボットの技術を導入する案が注目されている．ただし，ロボットに対する関係者の理解は芳しくなく，現状と将来の技術的な状況やコストについて理解されないばかりでなく，人による作業を前提とした設計や施工法をロボット用に変更することにさえも抵抗がある．これは長きにわたって培われてきた現場の作業モデルを変革してしまうイノベーションでもあるからと考えられる．

日本のように，公共インフラがある程度充実している国の場合，大きなプロジェクトによる大規模な工数と費用を要する事業はほとんどない．このため，小さな費用で，既存の施設を持続的に改良，補修するような事業が増えてきている．この状況に全く新しい技術として，ロボティクスを適用することは，機材の大量生産によるコストダウンなどの経済性に期待した環境が形成されない．

国や港湾法でいうところの港湾管理者などは，その責任において，今後はロボットが動作するために必要な構造物のデータ，海底地盤のデータ，マップ，音響通信や位置出しのためのインフラを取り揃えていく必要があるだろう．また，少なくとも港湾や海上空港，洋上風力発電などの施設の現場海底には，水中ロボットのよりどころとなる水中のステーションが必要となるだろう[21), 21)]．継続的な水中での作業を自律型ロボットで実行するためのシステムとして，日本では故Dr.NaomiKatoが1990年代に海底の水中ステーションの必要性を説いた．今まさに，港湾や海上空港の建設のために必要なインフラとなるだろう．

　現代のインフラとしての水中ステーションは，水中ロボットへの給電，測量基準点，水中高容量通信拠点，現場の海象観測，環境モニタリングといった複合的な役割を果たすものとなるだろう．現場海底のIoT拠点として，水中のMeta-Roboticsを実現するためのハブともなると考えられる．

　こうした環境を整えながら，我々は時には現場海底を訪れるだろうが，ほとんどの場合は，サイバー空間に構築された現場においてロボットたちへの指示と確認，管理を行うデジタルツイン化が進んでいくものと考える．こうしたデジタルツインの取り組みによって，施工精度の確保とコストダウンの双方がかなえられるはずである．

　国土交通省によるBIM/CIMおよびi-Constructionは水中施工においても重要な政策であり，実際に2018年ころからそのステージについて提案され（図7.62），将来的にAIが導入された統合システムとして普及していくものと考える．

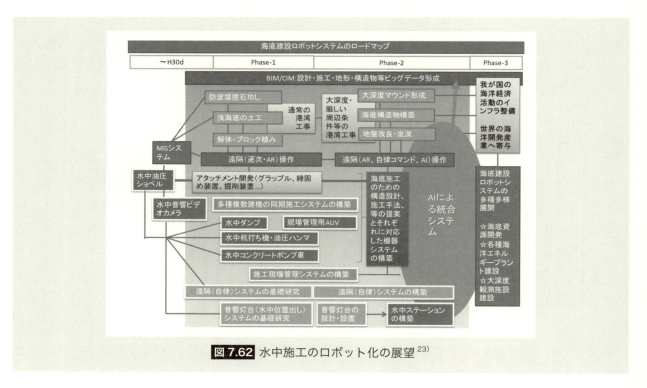

図7.62 水中施工のロボット化の展望[23)]

〈参考文献〉

1) 金山裕幸：水中施工機械「水中バックホウ・ビッグクラブ」による施工コスト削減対策について，第16回港湾技術報告会概要集，1999.
2) Taketsugu Hirabayashi, Takashi Yamamoto, Hiroaki Yano and Hiroo Iwata, "Experiment on Teleoperation of Underwater Backhoe with Haptic Information," Proceedings of ISARC2006, pp.36-41, 2006.
3) 平林丈嗣，喜夛司，吉江宗生：水中建設機械を対象とした作業情報呈示システムの適応検討，第18回建設ロボットシンポジウム論文集，2018.
4) Tsukasa Kita, Taketsugu Hirabayashi, Atsushi Ueyama, Hiroshi Kinjo, Naoki Oshiro and Nobuyuki Kinjo, "Sea Experiment on Tele-operation System of Underwater Excavator," Proceedings of ISARC2020, 2020.
5) 熊谷崇信：遠隔操縦対応型水中バックホウの施工事例と有効性，建設の施工企画，No.733，pp.41-45，2011.
6) 東亜建設工業株式会社：水陸両用／水中バックホウと大水深対応型水中作業ロボット，機関誌「作業船」，No.321，pp.19-24，2015.
7) 国土交通省港湾局：港湾の施設の点検診断ガイドライン【第1部　総論】，
https://www.mlit.go.jp/common/001395791.pdf（2024年7月12日 閲覧）
8) 国土交通省港湾局：港湾の施設の点検診断ガイドライン【第2部　実施要領】，
https://www.mlit.go.jp/common/001597610.pdf（2024年7月12日 閲覧）
9) 国土交通省港湾局：点検診断の効率化に向けた工夫事例集（案），
https://www.mlit.go.jp/common/001597546.pdf（2024年7月12日 閲覧）
10) 国土交通省港湾局：港湾の施設の新しい点検技術カタログ（案），
https://www.mlit.go.jp/common/001597549.pdf（2024年7月12日 閲覧）
11) Toshinari Tanaka, Shuji Nogami, Ema Kato and Tsukasa Kita, "Development of ROV for Visual Inspection of Concrete Pier Superstructure," Proceedings of ISARC2020, pp.954-961, 2020.
12) 国土交通省：第3回 新AI戦略検討会議 国土交通省 説明資料 2. 港湾におけるデジタル化の推進「サイバーポート」と「ヒトを支援するAIターミナル」，https://www8.cao.go.jp/cstp/ai/shin_ai/3kai/siryo1.pdf（2024年7月12日 閲覧）
13) 国土交通省：港湾の電子化（サイバーポート）推進委員会資料　港湾の電子化（サイバーポート）推進委員会について，http://www.mlit.go.jp/kowan/kowan_tk3_000024.html（2024年7月12日 閲覧）
14) 国土交通省港湾局：Cyber PortTM HP，https://www.cyber-port.net/（2024年7月12日 閲覧）
15) 国土交通省港湾局：第2回サイバーポート進捗管理WG（港湾物流分野）港湾局説明資料，
https://www.mlit.go.jp/kowan/content/001620469.pdf（2024年7月12日 閲覧）
16) 国土交通省：Cyber PortTM［港湾インフラ分野］，https://www.cyber-port.mlit.go.jp/infra/（2024年7月12日 閲覧）
17) 国土交通省港湾局：Cyber PortTM 港湾管理分野，https://kanri.cyber-port.mlit.go.jp/（2024年7月12日 閲覧）
18) 国土交通省港湾局：サイバーポート（手続），https://proc.cyber-port.mlit.go.jp/about/index.html（2024年7月12日 閲覧）
19) 国土交通省港湾局：サイバーポート（調査・統計），
https://surv.cyber-port.mlit.go.jp/about/index.html（2024年7月12日 閲覧）
20) 吉江宗生：港湾・空港行政を支える研究開発 DXを実現するインフラ・物流に関する研究開発の展望，雑誌港湾，vol.98, no.7, pp.18-21, 2021.
21) Muneo Yoshie and Tomoo Sato, "Forecasting Underwater Positioning Base and Station for Coastal Construction and Inspection," Proceedings of UT23, 2023.
22) 吉江宗生，田中敏成，喜夛司，平林丈嗣，犬塚秀世：港湾インフラのインテリジェンスとロボット施工の展望－インフラのデジタル化とVR及び作業ロボットの一体連携－，第21回建設ロボットシンポジウム論文集，2023.
23) Muneo Yoshie, Taketsugu Hirabayashi, Toshinari Tanaka and Tsukasa Kita, "Underwater Unmanned Construction Machine System for Port and Airport," Proceedings of the 8th CECAR, Tokyo, 2019.

第8章 建設ロボットのさらなる進化

- 8.1 建設ロボットのさらなる発展の可能性と期待
- 8.2 建設ロボットのこれから
    - 8.2.1 建設ロボットの技術的課題と解決策
    - 8.2.2 建設ロボットに関するプロジェクトの紹介
    - 8.2.3 自動施工における安全ルールVer.1.0
    - 8.2.4 協調領域と競争領域
    - 8.2.5 本節のまとめ

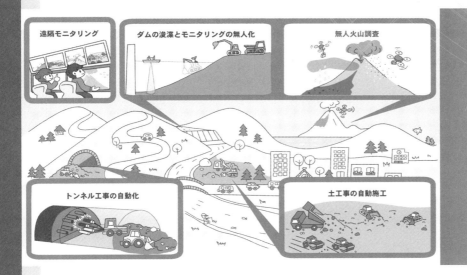

第8章 建設ロボットのさらなる進化

　建設ロボットに関連する周辺技術は年々進化している．それらを取り入れながら建設ロボットそのものも今後進化し，建設施工の高度化に寄与することが期待されている．政府は，2040年頃には，建設業でも製造業と同様のオートメーション化を実現させることを想定して，i-Construction2.0なる施策を打ち出した．本章では，建設ロボットのさらなる発展の可能性と期待について紹介する．

◆ 8.1 建設ロボットのさらなる発展の可能性と期待

　第2章で紹介したように2016年，国土交通省は，低迷する建設分野の労働生産性の画期的な改善を通じて，3Kで象徴される建設業の体質を抜本的に改善する施策としてi-Constructionを打ち出した．その後，デジタルツインやバーチャル技術，AIをはじめとして関連するデジタル技術が急速に進歩してきたことを背景に，社会全体がデジタル技術を駆使して大きく変わろうとするデジタルトランスフォーメーション（DX）の動きが顕在化してきた．この流れの中で政府は，2022年に建設分野でもそれまでのi-Constructionを核にしつつも，新しい技術や担い手を組み入れる形で，インフラ分野のDXアクションプランを提起した．図8.1にインフラDXアクションプランの概要を示す[1]．この図に示すとおり，インフラDXでは，従来のi-Constructionで進めてきたICT施工などの核の部分に加えて，建設機械の自動化・自律化，デジタルツインをはじめとする新しい技術を活用していくことが想定されている．

図8.1 インフラ分野のDXアクションプランの全体概要[1]

しかしながら，人手不足がきわめて深刻な状況になってきたことと，前節までで紹介したように近年自律型建設ロボットの開発と普及が急速に進んできたことを背景に，2024年4月に建設現場のオートメーション化を進めるi-Construction2.0が打ち出された．図8.2にi-Construction2.0の概要を示す[2]．この図を図8.1と比べると，インフラDXの段階では，コアの技術とデジタルツインや自動化などの新しい技術は区別されているが，i-Construction2.0の段階ではそれらが融合されて，新たなコアの技術が形作られていることが分かる．これは，インフラDXの段階では個別の技術の活用を想定していたが，i-Construction2.0では，建設プロジェクトにかかわる先端的な技術を融合して，新たな生産システムの構築により建設プロジェクトの高度化を図って行くことを目指すことを意味している．

図8.2「i-Construction 2.0」～建設現場のオートメーション化による生産性向上～の概要[2]

i-Construction2.0では，以下に示すように，「建設ロボットの高度化と汎用化をコアとする施工のオートメーション化」，「施工にかかわる各種データの連携」とともに「施工管理のオートメーション化」を掲げ，2040年ころを目途にこれらの施策の実現を目指していくことが掲げられている．

(1) 施工のオートメーション化

建設ロボットの開発と普及を核として，より高度な建設ロボットとそれを使った施工にかかわる様々なデータを連携した運用を行い，施工のオートメーション化をはかる．

(2) データ連携のオートメーション化（デジタル化・ペーパーレス化）

BIM/CIMを核としつつ，多様なデータの取得と共有をはかることにより，大幅な効率化と省人化を追求するデータ連携のオートメーション化をはかる．

(3) 施工管理のオートメーション化（リモート化・オフサイト化）

施工管理業務の効率化と省人化をはかるために，管理手法の高度化，管理データの共通化とともにそれらの施工へのフィードバックや後工程での活用を促進する施工管理のオートメーション化をはかる．

本章では，i-Construction2.0の提起を受けて，8.2節では建設ロボットが抱える技術的課題やその解決方針について述べた上で，現在進行中の建設ロボットに関する研究開発プロジェクトや建設ロボットのイノベーションを加速するための施策などを紹介することで，建設ロボットの今後について展望を述べる．

8.2 建設ロボットのこれから

前節に記した通り，ロボット技術やICT技術を用いた建設現場の生産性向上が期待されており，これを実現するための施策としてi-Construction2.0が提案されている．これには，技術的課題と共に，研究開発を進めるための制度作りも重要となる．本節では，まず，建設ロボットの技術的課題とその解決方針について述べた後，現在進行中の建設ロボットに関するプロジェクトの紹介，研究開発を加速するための施策として国土交通省が提案した「自動施工における安全ルールVer.1.0」，さらに建設ロボットのイノベーションを加速すると期待できる「協調領域の設定」について紹介することで，「建設ロボットのこれから」について展望する．

8.2.1 建設ロボットの技術的課題と解決策

本節では，土木施工の自動化を中心に，建設ロボットの技術的課題と，その解決案について述べる．

(1) 現場の多様性や対象環境の不確実性

土木施工は自然が相手であるため，同じ種類の建設対象物であっても，その構造や手順が環境によって大きく異なる場合が多い．さらに，想定外の状況（トンネル工事での出水など）が発生した場合にも柔軟に対応し，工事を進める必要がある．つまり，工場に代表される製造現場と比較すると，建設現場の不確実性は圧倒的に大きいと言える．これまでの建設現場では，これらの問題を，現場オペレータの知識や経験を駆使して解決してきたが，不確実性の大きな現場において，建設現場の自動化を試みることは，実はとてもチャレンジングなことである．そこで，全自動化を一気に目指すのではなく，自動化が省人化対策に有効と考えられる部分を見極め，自動化技術を段階的に現場に導入していくことが重要であると考えられる．

(2) 作業環境や建設対象の大きさ

建設現場における作業環境や対象物は，そこで作業を行う機械の大きさに対して，一般にとても大きい．このような状況において生産性向上を実現するためには，一人のオペレータが一度にできる作業量を増やす，つまり建設機械を大きくすることが近道である．そのため，近年では，建設機械の大型化が進められてきた．しかしながら大型機械には，機械の運搬コストや，機械が故障した際の工事全体への影響が大きいという問題がある．加えて，アクセス困難な災害環境に至っては，発災直後，重量の大きい建設機械の運搬自体が不可能である．これに対し，自動化が進めば，多数のロボットを用いてもオペレータ数の増加を気にすることがなくなるため，小型の複数建設ロボットによる作業を実施することで，大型建機と同等の生産性を確保すること期待できる．

(3) 建設機械の位置推定

一般に，屋外環境における建設ロボットの位置推定手法には，RTK-GNSSが利用される．しかし

ながら，近くに高い建物がある場合や，山奥の深い谷間などにおいては，GNSSの信号が不安定となるため，GNSSを用いた位置推定に大きな誤差が発生する場合が存在する．現在，多くの機関で研究開発が進められている建設ロボットは，GNSSに頼っているケースが多いため，システムを適用することが困難な場所（または困難な時間帯）が存在するという問題がある．

一方，建設機械に搭載したセンサを用いて環境情報を取得し，自己が有する地図情報と照合することで位置推定を行う手法も提案されている．しかしながら，この種の手法の成否は，対象とする環境の特徴量の大きさに依存するという問題，言い換えれば「適用場所によって上手くいかない場合がある」という問題がある．

この問題に対処するため，成蹊大学竹囲准教授らの研究開発グループでは，Moonshot型研究開発プロジェクト目標3において，据置型の三次元レーザ距離センサ（3D-LiDAR）を用いて，GNSSに頼ることなく建設ロボットの位置を取得することが可能な手法を提案した[3]．この手法では，作業環境内に据置型の3D-LiDARを設置し，そのセンサから得た建設機械の点群データと，建設機械の形状モデルを照合することによって，建設車両機械の位置と姿勢を推定するシステムを実現した．これにより，GNSSを利用せずとも，建設ロボットの位置が推定できると共に，センサがカバーした領域内では建機以外の移動物体認識も可能となるため，万が一，環境内に作業員が侵入したとしても，その状況をシステムが認識できる．これにより，作業員の安全に貢献することができるといった特徴を持つ．加えて，作業の進捗状況について，オペレータに対して可視化が可能となる．2台の3D-LiDARを用いて複数台の小型建設ロボットの位置推定を行っている様子を**図8.3**に示す．この図において，左図が位置推定のためのシステム構成，右図が建設ロボットの位置情報を認識した結果を示したものである．この種の位置推定の問題は，建設ロボットに限った問題ではないが，基本的には複数の手法を融合し，建設ロボットのロバストな位置推定を実現することが，今後も継続して求められると考えられる．

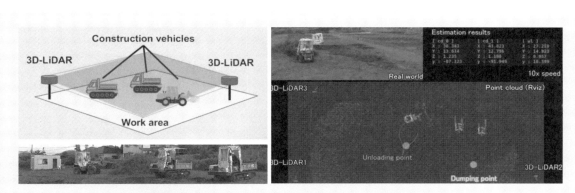

図8.3 D-LiDARを用いた小型建設ロボットの位置推定

（4）建設機械のアクチュエータ

エネルギー源が化石燃料から電気エネルギーに移行する流れは，持続可能な未来への一歩として広く受け入れられつつある．一方，建設現場では，油圧システムが高いパワーと制御性を提供することができるため，機械の動力源として油圧が主流である．これまでは，化石燃料で油圧ポンプを回して作業機を動かす力を得ていたが，今後は，電気モータで油圧ポンプを回して力を得るシステ

ムが主流になっていくと考えられる．実際，2022年ドイツのミュンヘンで開催された建設技術の世界的な見本市「Bauma」では，世界各国の建設機械メーカーが，今後の主力の商品として，電動による油圧システムの建設機械のラインナップを揃えていた．一方，電気モータから直接力を取りだす方法は，制御性が高く構造も単純であるため，活用への期待が大きい．しかしながら現状では，油圧のシステムと比較し，取り出せる力が十分に大きくないため，今後のモータ技術の大きな進展を待つ必要がある．

(5) 複数建設ロボットの中央集権的／分散的制御

建設ロボットの数が少ない場合，複数台のロボットを中央集権的に制御することはそれほど難しくないが，ロボットの台数が増大した場合や，作業環境の変化やロボットの故障などが発生する状況への対応を実現するためには，構造化（チーム編成）が必要な場合が生ずると考えられる．東京大学淺間教授らの研究開発グループでは，Moonshot型研究開発プロジェクト目標3において，チームリーダーである油圧ショベルが複数台のダンプトラックを集めてチームを編成し，各チームが自律分散的に目的を達成するシステムの提案を行った．各チームは，与えられたエリアにおいて，油圧ショベルとダンプトラックによる「掘削→積込→運搬→放土」という一連の土砂運搬動作を実施する．なお，作業効率が上がらない場合や，ダンプトラックの故障などにより，チームのパフォーマンスが低いことをチームリーダーが認識した場合，このリーダーは他のチームリーダーと交渉を行い，余裕のあるチームからダンプトラックを譲り受けることでチームを拡大する．これにより，納期に間に合わせるための動的なチーム改編を行うことを可能とした．このアルゴリズムは，2023年の夏に九州大学で実施した6台の小型建設ロボットによる土砂運搬タスクに適用され，実建設ロボットを用いたチーム改編による土砂運搬動作を実現した．**図8.4**は，6台の建設ロボットによる自律分散型土砂運搬の様子である．なお，この試験において，油圧ショベルは遠隔操作での土砂積込動作であり，残り5台が全自動での動作を実施した．

分散制御のメリットは，様々な状況が発生する環境において，対象とするロボットの台数が多くなった場合にこそ生まれる．一方，6台の建設ロボットによる土砂運搬というタスクでは，そのシステムのメリットを享受することは少なく，中央集権的な制御の方が実装が容易である．今後，タスクと台数を考慮しつつ，自律分散的な制御の実装を検討することが望ましいと考えられる．

図8.4 自律分散型小型建設ロボットによる 土砂運搬の様子

(6) 無線通信

建設ロボットの非常に大きな技術的課題として，無線通信の問題が挙げられる．無線通信は，建設ロボットが周囲の状況や工事の進捗を確認するために非常に重要である．建設ロボットの遠隔操縦においては，建設ロボットに搭載したカメラで周囲の映像を取得し，または環境に設置したカメラで作業の映像を取得し，それを無線で送信する必要がある．オペレータは，この映像をもとに建設ロボットの遠隔操縦を行う．自動で作業を行う建設ロボットについても，建設ロボット間の協働作業のための情報交換や，オペレータによる工事の進捗確認といった用途において，現場では無線通信の利用が必須となる．

しかしながら，無線通信は様々な課題を抱えている．まず，無線チャンネルが被ると通信ができなくなるという問題がある．建設現場では多くの機器が無線を使用しているため，チャンネルの競合が発生しやすい状況にある．また，高解像度の映像を送信するためには，無線の周波数を上げる必要があるが，高い周波数では電波の回折が困難となるため，通信範囲や安定性が低下する可能性もある．建設現場は障害物が多い環境であるため，この種の問題が発生しやすい．

これらの課題を解決するためには，無線通信技術のさらなる進歩が求められる．近年は，複数のチャンネルを自動的に切替える技術や，アンテナを工夫することで無線通信の指向性を絞りチャンネルの競合を抑えるビームフォーミング技術などの実装も進んでいる．建設ロボットの活用が期待される環境において，無線通信を最適化することで，より安全で効率的な建設作業が可能となると期待できる．

8.2.2 建設ロボットに関するプロジェクトの紹介

今後は，土工分野や災害対応分野において，建設ロボットの需要はますます高まると考えられる．この期待に応えるべく，これまで災害対応や自動施工に関連した建設ロボットに関する研究開発プロジェクトが設定されてきた．ここでは，2024年現在，内閣府が進める「SIPスマートインフラ サブ課題A 革新的な建設生産プロセスの構築」について，その目的と概要を紹介する．

このプロジェクトは，(a-1)建設生産プロセス全体の最適化を実現する自動施工技術の開発，(a-2)人力で実施困難な箇所のロボット等による無人自動計測・施工技術開発，(a-3)トンネル発破等の危険作業の自動化・無人化に係る研究開発，という3つの研究開発テーマより構成される．各テーマを担当する研究者らは，技術連携を行いつつ，これらの技術開発を並行して進め，2027年度終了時には各技術の社会実装を目指している．サブ課題A全体の概要を図8.5に示す．以下に，研究開発テーマ（a-1）「建設現場の自動施工」に関する概要（図8.5の右下部分）について紹介する．

図8.5 SIP 第3期 スマートインフラ サブ課題A全体の研究開発概要

　この研究開発テーマでは，土木施工を自動化する技術の研究開発が目標となる．現在，国内外で自動施工技術が最も進んでいる現場は，第4章で詳しく紹介した鹿島建設のA4CSELであると考えられるが，この自動施工技術は，システムの補助を受けつつ，職長（または現場代理人）が作業範囲を分担し，各作業範囲において制御システムが建設機械の作業を制御するものである．この技術は，対象とする土工のタスクを「ダム現場に限定」することで各作業の体系化が実現されているが，一般的な土木施工に適用できるところまでその体系化は行われていない．これに対し，このSIPのプロジェクトでは，作業対象を一般的な土木施工である「掘削→積込→運搬→放土→敷き均し→締め固め」（**図8.6**参照）という一連の工事について体系化を行うこととした．加えて，自動施工を構成するサブシステム間の情報流通インタフェースを共通化することで，施工計画から複数台建設ロボットの制御による自動施工の実現を目指す．具体的には，以下の研究題目に取り組む予定である．

- 自動建機制御インタフェースを有する施工計画・管理システムの研究開発
- 自動建機に適した建設工事段取りの計画技術と自動施工の評価
- 複数台自動建機の動作管理を行うCyber-Physical System for RT（Robot Technology）の構築
- 自動建機のオープンな研究開発環境の構築
- 複数台建設機械による自動施工現場での試行

　上記の各研究開発を並行して実施すると共に情報流通インタフェースの検討と実装を行い，3年度終了までに，開発したサブシステムを，情報流通インタフェースを用いて統合する．統合した自動施工システムは，プロジェクト終了時までに2箇所の試験施工現場に適用して有用性を確認し，実用化への筋道をつける．**図8.7**は，このプロジェクトで実現を目指すシステムの完成イメージである．これにより，10年後，中小の建設会社やゼネコン各社が実施するCランク規模の建設工事の

20%を，このシステム（の一部）を利用した工事とすることが，このプロジェクトの最終目標である．

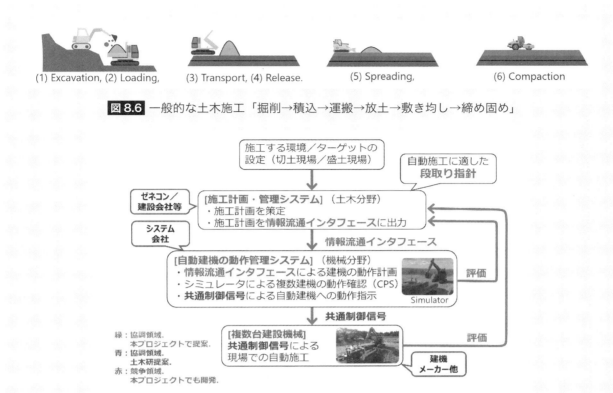

図8.6 一般的な土木施工「掘削→積込→運搬→放土→敷き均し→締め固め」

図8.7 提案システムの完成イメージ

8.2.3 自動施工における安全ルールVer.1.0

次に，建設ロボットが抱える社会的課題の一例と，それを乗り越えるための国土交通省の施策について紹介する．建設ロボットや自動施工システムを，試行現場や実建設現場において利用するためには，現場の安全方策の決定や，関係者との協議や調整，書類・手続きが必要である．現状では，現場毎に，建設ロボットの安全に関する内容を所轄の労働基準監督署と話し合いを行っているが，前例のない工事では，これに時間がかかる場合も少なくない．このような状況において，現場試行や建設ロボットを用いた実施工の導入を加速するためには，自動施工において体系的に整理された安全方策を提示することが望ましい．そこで国土交通省は，2022年，「建設機械施工の自動化・自律化協議会」を立ち上げ，その下部組織である「安全・基本設定ワーキンググループ」での検討を踏まえて，2024年3月に「自動施工における安全ルールVer.1.0」を公開した[4]．このルールにしたがって安全方策を実装することで，安全方策検討の効率化ならびに，安全方策実施の適切化をはかることが可能となる．

(1) エリアの設定

この安全ルールの大きな特徴は，自動施工現場においては，自動建設機械が稼働するエリアと人がいるエリアを分離する点にある．以下，安全ルールのエリア設定に関する部分の引用である．

『施工者等は，自動建設機械が稼働する範囲を考慮し，エリアを設定しなければならない．エリ

アの設定に当たっては，「無人エリア」「有人エリア」「立入制限エリア」を必要に応じて設定しなければならない．「無人エリア」を設定する場合，その周囲に「立入制限エリア」を配置しなければならない．ただし，十分な強度を有する防護柵や障害物，または地形条件などによって建設機械の「無人エリア」からの逸脱および「有人エリア」への侵入を物理的に防止する措置を講じたときは，この限りでない．その際，自動建設機械の機種や特性に応じて，安全を確保できる十分な面積を確保しなければならない．』

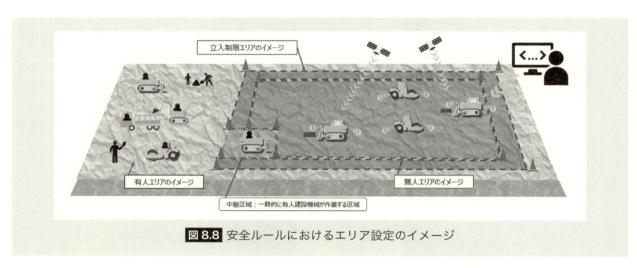

図8.8 安全ルールにおけるエリア設定のイメージ

図8.8は，安全ルールにおけるエリア設定のイメージである．万が一，建設機械が暴走した際には非常停止スイッチなどで建設機械を止める必要があるが，立入制限エリアは，安全に建設機械を停止させるためのマージン部分であるといえる．一方で，有人建設機械が無人エリア近辺まで近づき，「人が建設機械を降りない」という前提で作業可能な区域を「中継区域」と呼ぶ．

(2) 自動建設機械のエンジン始動・停止と非常停止システム

自動施工実施者は，不具合対処時の作業者等の安全確保のため，自動建設機械を遠隔操作器で操作できる場合には，遠隔操作器にエンジン始動・停止機能と，非常停止システムを具備する必要がある．非常停止システムについては，複数の方法による具備が望ましい．例えば，遠隔地から非常停止システムを動作できる機能が使用する無線と，別回線の無線による非常停止システムの要否を検討することが望ましい．また，自動建設機械と自動建設機械を遠隔から管理するシステム等との通信が途絶した場合，建設機械は自動停止しなければならない．なお，自動停止とは，自動建設機械にブレーキをかけた状態等の機械停止の状態であり，エンジンの動作・停止は問わない．通信が復旧した場合，停止状態の解除は，自動建設機械周囲の安全を確認した上で行わなければならない．

(3) 表示灯の具備

自動施工実施者は，自動建設機械の視認しやすい位置に，現在の状態を明示する表示灯等を具備しなければならない．具体的には，①自動運転状態にあるか否か，②遠隔操作状態にあるか否か，③エンジン等のON-OFF状態，④無線通信の接続・切断示，⑤異常の有無について外から理解できるような表示灯を建設機械に設置する．ただし，施工範囲に人が侵入することが物理的に困難であり，建設機械の現在の状態を明示する機能を他に有している場合，その限りではない．

(4) 人・障害物検知機能

自動施工実施者は，自動建設機械本体に作業員等を検知するための人・障害物検知機能の要否を検討することが望ましい．

以上，「自動施工における安全ルールVer.1.0」で謳われている，自動施工中の安全を確保するための安全方策，ならびに自動建設機械や設備に求められる安全方策に必要な機能の概要を紹介した．詳細については，参考文献[4]を参照されたい．

8.2.4 協調領域と競争領域

最後に，建設ロボットを活用した自動施工に関する研究開発や社会実装を進める際の，業界構造の在り方について考察する．日本のゼネコンは，海外ゼネコンと比較し，技術研究所などの研究機関を有しているため，自ら施工法や材料の研究を行ってきた歴史がある．さらに建設機械を開発するメーカーについては，複数メーカーが国内に存在し，建設機械自体の開発も競争領域として存在する．つまり，自動施工の社会実装に関して，日本は実施しやすい環境にあると考えられる．このような状況において，建設ロボットを用いた自動施工に関する研究開発が競争的に実施されており，先も紹介した鹿島建設のA4CSELをはじめ，自動施工に関する研究開発がゼネコンを中心に現在進められている．

一方，これらの研究開発を進めるためには，一般に，現場における建設機械を開発する建機メーカー，これをシステム化するシステム会社，そのシステムを用いた施工法を開発するゼネコンや建設会社といった複数の企業が開発グループを構成し，研究開発が進められている．国内では，このグループが複数存在し，業界全体が競争領域であると言える（**図8.9左**）．このグループ構造のため，「開発した技術は開示できずに閉鎖的となる」，「新規企業の参入が困難となる」，「新たに別グループを構成しても，過去の技術の活用が禁じられる場合が多い」，「過去の技術の活用が可能だとしても，情報流通が独自ルールとなるため技術流用が困難である」，といった問題が生じている．さらに，それぞれの建設現場は一般に，複数種類の建設機械で構成されることが多いため，一社の建設機械で構成されることは稀であり，グループ単位で建設現場を構成することが困難である．加えて，このような状態では，研究開発を行う技術者の育成も難しい．

この状況を打開するため，階層間の情報を共通化する「協調領域」の設定が，土木研究所のOPERA（第3章参照）や，8.2.2節で紹介したSIPプロジェクトの中で提案されている．**図8.9**は，現状と協調領域を間に入れた場合の将来像に関する業界構造のイメージである．

この図の右側において，システム会社と建機メーカーの間の協調領域は建設機械を動作するための共通制御信号であり，これによりシステム会社はどの建機メーカーの建設機械でも動かすことが可能となる．また，建設会社とシステム会社の間にある協調領域は，体系化された自動施工の作業をもとに設定する段取りや作業の手順書（情報流通インタフェース）であり，これにより各システム会社は，複数の建設会社からの依頼を実施可能な自動施工システムのソフトウエアを開発することで，他社との競争が可能となる．さらに，この共通制御信号を用いることで，仮想空間内で自動施工のシミュレーションを実現可能とするデジタルツインの構築も容易に行うことができると期待される．

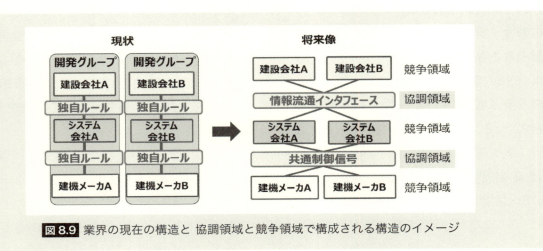

図8.9 業界の現在の構造と 協調領域と競争領域で構成される構造のイメージ

　このように，階層間に協調領域が挟まれた業界構造を実現することにより，グループ単位で行われてきた研究開発の垣根がなくなるため，(1) 各階層での競争による技術革新が進む，(2) 新規企業の参入が容易になる，(3) それぞれの建設現場を複数の建設機械で構成することが可能，といった効果が期待できる．さらに，研究開発を行う技術者の育成についても，共通のインタフェースを活用することが可能となるため，ここにも大きなメリットが生ずると考えられる．以上より，今後協調領域を整備し，業界の風通しを良くすることで，自動施工のイノベーションの加速が期待できる．

8.2.5　本節のまとめ

　本節では，建設ロボットの技術的課題とその解決策に触れた後，現在進行中の建設ロボットに関するプロジェクトの紹介，研究開発を加速するための施策として，国土交通省が提案した「自動施工における安全ルールVer.1.0」，そして建設ロボットのイノベーションを加速すると期待できる「協調領域の設定」について紹介した．

〈参考文献〉

1) 国土交通省：インフラ分野のDXアクションプラン，2022年3月，
　https://www.mlit.go.jp/tec/content/001474432.pdf）（2024年10月3日 閲覧）
2) 国土交通省：「i-Construction 2.0」～建設現場のオートメーション化による生産性向上～，2024年4月，
　https://www1.mlit.go.jp/report/press/kanbo08_hh_001085.html（2024年10月3日 閲覧）
3) Inagawa M, Kawabe T, Takei T and Nagatani K（2023），"Demonstration of position estimation for multiple construction vehicles of different models by using 3D LiDARs installed in the field", ROBOMECH Journal, July, 2023. Vol. 10(15)，11pages.
4) 国土交通省：「自動施工における安全ルールVer.1.0」，
　https://www.mlit.go.jp/tec/constplan/content/001730920.pdf（2024年5月25日 閲覧）

定価2,640円（本体2,400円＋税10%）

進化する土木技術　〜ロボットで変わる建設現場〜
令和7年1月31日　第1版・第1刷発行

編集者……公益社団法人 土木学会
　　　　　　建設用ロボット委員会
　　　　　　委員長　建山 和由
発行者……公益社団法人 土木学会　専務理事　三輪 準二

発行所……公益社団法人 土木学会
　　　　　　〒160-0004 東京都新宿区四谷一丁目無番地
　　　　　　TEL 03-3355-3444　FAX 03-5379-2769
　　　　　　https://www.jsce.or.jp/
発売所……丸善出版株式会社
　　　　　　〒101-0051 東京都千代田区神田神保町2-17 神田神保町ビル
　　　　　　TEL 03-3512-3256　FAX 03-3512-3270

©JSCE2025 ／ Japan Society of Civil Engineers
ISBN978-4-8106-1123-6
印刷・製本・用紙：シンソー印刷（株）

・本書の内容を複写または転載する場合には、必ず土木学会の許可を得てください。
・本書の内容に関するご質問は、E-mail（pub@jsce.or.jp）にてご連絡ください。

未来をつくる未来

わたしたちから
次の世代へ
快適な生活と
安心な営みのために
社会インフラというバトンを
未来に渡し続ける

JSCE 公益社団法人 土木學會
Japan Society of Civil Engineers